全国高等美术院校建筑与环境艺术设计专业规划教材

建　筑　概　论

步入建筑的殿堂

上海大学美术学院　主编
庄俊倩　邓　靖　宾慧中　谢建军　编著

中国建筑工业出版社

图书在版编目(CIP)数据

建筑概论 步入建筑的殿堂/上海大学美术学院主编；庄俊倩等编著. 北京：中国建筑工业出版社，2009

全国高等美术院校建筑与环境艺术设计专业规划教材

ISBN 978-7-112-11014-8

Ⅰ. 建… Ⅱ. ①上…②庄… Ⅲ. 建筑学-高等学校-教材 Ⅳ. TU

中国版本图书馆CIP数据核字(2009)第096037号

责任编辑：唐 旭 李东禧

责任设计：郑秋菊

责任校对：张 虹 关 健

全国高等美术院校建筑与环境艺术设计专业规划教材

建筑概论

步入建筑的殿堂

上海大学美术学院 主编

庄俊倩 邓 靖 宾慧中 谢建军 编著

*

中国建筑工业出版社出版、发行(北京西郊百万庄)

各地新华书店、建筑书店经销

北京天成排版公司制版

北京京华铭诚工贸有限公司印刷

*

开本：880×1230毫米 1/16 印张：9¼ 字数：296千字

2009年9月第一版 2018年11月第六次印刷

定价：**45.00**元

ISBN 978-7-112-11014-8

(18280)

全国高等美术院校
建筑与环境艺术设计专业规划教材

《建筑概论　步入建筑的殿堂》

本卷主编单位：上海大学美术学院
庄俊倩　邓靖　宾慧中
谢建军　编著

总　序

缘起

《全国高等美术院校建筑与环境艺术设计专业实验教学丛书》已经出版十余册，它们是以不同学校教师为依托的、以实验课程教学内容为基础的教学总结，带有各自鲜明的教学特点，适宜于师生们了解目前国内美术院校建筑与环境艺术设计专业教学的现状，促进教师对富有成效的特色教学进行理论梳理，以利于取长补短，共同进步。目前，这套实验教学丛书还在继续扩展，期望覆盖更多富有各校教学特色的各类课程。同时对那些再版多次的实验丛书，经过原作者的精心整理，逐步提炼出课程的核心内容、原理、方法和价值观编著出版，这成为我们组织编写《全国高等美术院校建筑与环境艺术设计专业规划教材》的基本出发点。

组织

针对美术院校的规划教材，既要对学科的课程内容有所规划，更要对美术院校相应专业办学的价值取向做出规划，建立符合美术院校教学规律、适应时代要求的教材观。规划教材应该是教学经验和基本原理的有机结合，以学生既有的知识与经验为基础，更加贴近学生的真实生活，同时，也要富含、承载与传递科学概念、方法等教育和文化价值。十所美术院校与中国建筑工业出版社在经过多年的合作之后，走到一起，通过组织每年的各种教学研讨会，共同为美术院校建筑与环境艺术设计专业的教材建设做出规划，各个院校的学科带头人们聚在一起，讨论教材的总体构想、教学重点、编写方向和编撰体例，逐渐廓清了规划教材的学术面貌，具有丰富教学经验的一线教师们将成为规划教材的编撰主体。

内容

与《全国高等美术院校建筑与环境艺术设计专业实验教学丛书》以特色教学为主有所不同的是，本规划教材将更多关注美术院校背景下的基础、技术和理论的普适性教学。作为美术院校的规划教材，不仅应该把学科最基本、最重要的科学事实、概念、原理、方法、价值观等反映到教材中，还应该反映美术学院的办学定位、培养目标和教学、生源特点。美术院校教学与社会现实关系密切，特别强调对生活现实的体验和直觉感知，因此，规划教材需要从生活现实中获得灵感和鲜活的素材，需要与实际保持紧密而又生动具体的关系。规划教材内容除了反映基本的专业教学需求外，期待根据美院情况，增加与社会现实紧密相关的应用知识，减少枯燥冗余的知识堆砌。

使用

艺术的思维方式重视感性或所谓“逆向思维”，强调审美情感的自然流露和想象力的充分发挥，对于建筑教育而言，这种思维方式有助于学生摆脱过分的工程技术理性的约束，在设计上呈现更大的灵活性和更加丰富的想象，以至于在创作中可以更加充分地体现复杂的人文需要，并且在维护实用价值的同时最大程度地扩展美学追求；辩证地运用教材进行教学，要强调概念理解和实际应用，把握知识的积累与创新思维能力培养的互动关系，生动有趣、联系实际的教材对于学生在既有知识经验基础上顺利而准确地理解和掌握课程内容将发挥重要作用。

教材的使命永远是手段，而不是目的。使用教材不是为照本宣科提供方便，更不是为了堆砌浩瀚无边的零散、琐碎的知识，使用教材的目的应该始终是让学生理解和掌握最基本的科学概念，建立专业的观念意识。

教材的使用与其说是为了追求优质的教学效果，不如说是为了保证基本的教学质量。广义而言，任何具有价值的现实存在都可以被视为教材，但是，真正的教材永远只会存在于教师心智之中。

吕品晶　张惠珍

2008年10月

序

建筑是一门既古老又年轻、既单纯又多元、既艺术又技术的学科。它诞生于很久以前，又充满了新的生命力；它本身体系庞杂，又处处与许多学科交叉、渗透；它是美的载体，又需要技术的支持。因此，建筑很难把握。

建筑系的学生初入大学，对建筑既陌生又好奇，同时也不乏希望和遐想。千头万绪从哪里开始呢？怎么开始呢？《建筑概论》就是开启那些未来的建筑师建筑学习之路上的第一道门。

理想状态中，建筑师既要具备艺术家的审美眼界，又要有工程师的专业学识、演说家的语言天赋、管理者的组织能力，还要自信而充满激情、有个性又易于合作、细腻却能把握整体。最终，他们还要创造性地思索、设计……

《建筑概论》课程就是这些知识积累、能力培养的起点。通过认识建筑、学习建筑、设计建筑、追溯建筑等过程，学生可以逐渐了解建筑、理解建筑，与优秀建筑师和他们的作品为友，为下一步的专业学习打下基础。

鉴于对概论课程的重视，上海大学美术学院建筑系在安排教材编写组成员时，既安排了教学经验丰富的专业教师、工程实践能力强的国家一级注册建筑师，还挑选了知识结构新、充满朝气的年轻博士教师，经过他们通力合作完成的图文并茂、深入浅出的《建筑概论》教材，极具艺术院校建筑教材的特色，是建筑系学生、环境设计系学生以及建筑爱好者的理想读本。

本教材是在全国高等美术院校建筑与环境专业适用教材编委会统一组织下完成的，同时得到了中国建筑工业出版社的大力支持，在此我谨表谢意。

王海松

2009.5.10

目　录

第 1 章　建筑是什么——认识建筑

1.1　建筑的含义

在《辞海》里，“建筑”这词有三层含义：建筑物和构筑物的总称；建筑学专业的简称；建造、营造或者施工过程的通称。本教材重点讨论的就是上述有关建筑和建筑设计的知识。

建筑，是人们为满足某种目的而进行的营造活动。这活动的结果分为两大类，一类是建筑物，如住宅、教学楼、办公楼等，供人们在其中从事生活、休憩、生产、学习等各种活动；另一类是构筑物，如桥涵、塔架、堤坝等，人们不在其中活动，建筑的目的是营造某些设施，服务和保障人们的活动(图 1-1、图 1-2)。

图 1-1　建筑物——上海龙阳路磁悬浮站站房

图 1-2　构筑物——上海磁悬浮高架路

1.2　建筑物的分类

建筑物广泛服务于现代人类的各种活动，对建筑物进行分级、分类，有利于掌握各种建筑类型的规律和特点，有利于对其营造管理和设计把控。建筑物的分类方法很多，一般可按使用性质、按高度、按结构形式等分类。

1.2.1　按使用性质分类

建筑物按使用性质通常可分为两大类：

生产性建筑——从事工业和农业(包括畜牧业、渔业、养殖业等)生产的建筑，如各类工业厂房和农业生产用房(图 1-3、图 1-4)。

● 图 1-3　工业厂房

● 图 1-4　农业生产用房——蔬菜生产大棚

民用建筑——供人们居住和进行公共活动的建筑。民用建筑又分为两类：

居住建筑。供人们生活、休息等居住活动的建筑，如住宅、公寓、别墅、宿舍等(图 1-5)。

公共建筑。供人们进行工作、学习、商贸、聚会等各种公共活动的建筑，如教学楼、图书馆、办公楼、商场、剧场等等(图 1-6)。

● 图 1-5　居住建筑

● 图 1-6　公共建筑

1.2.2　按层数和高度分类

建筑物层数是指使用空间的自然层面，有单层、多层和高层之分：

单层建筑——主体只有一层使用空间的，包括有局部操作平台的建筑(图 1-7)。

低层建筑——1～3 层住宅建筑(图 1-8)。

● 图 1-7　亚洲最高的单层建筑——高达 93.5 米的酒泉卫星发射总装车间外观和室内

图 1-8　低层建筑

多层建筑——4～6 层的居住建筑和建筑总高度不超过 24m 的 2 层以上的公共建筑、厂房、仓库等(图 1-9)。

图 1-9　多层建筑

中高层建筑——7～9 层住宅建筑(图 1-10)。

高层建筑——10 层(包括 10 层)以上的住宅和建筑总高度超过 24m 的 2 层以上的公共建筑、厂房、仓库等(图 1-11)。

图 1-10　中高层建筑

图 1-11　高层建筑

超高层建筑——总高度超过 100m 的建筑(图 1-12)。

图 1-12　超高层建筑

注：1. 建筑总高度是指室外设计地面至主体建筑女儿墙顶或檐口的高度。

2. 女儿墙，原意是城墙上面呈凹凸形的小墙(《辞源》)，后已演变为建筑专业术语，指建筑外围高出屋面的、主要起装饰和围护作用的矮墙。

1.2.3　按规模分类

表述建筑规模有两个概念，一是单栋建筑的规模，一是总的建筑量。单栋建筑规模通常分为：

大型建筑——单栋建筑面积达到和超过 10000m^2 的建筑。

中型建筑——单栋建筑面积在 3000～10000m^2 的建筑。

小型建筑——单栋建筑面积在 3000m^2 以下的建筑。

居住建筑，通常单栋面积不大，但总的建造量较大，在规模划分上称为大量性民用建筑。

1.2.4　按建筑主体结构的耐久年限分类

建筑以主体结构确定的耐久年限分下列四级：

一级耐久年限 100 年以上 ，适用于重要的建筑和高层建筑。

二级耐久年限 50～100 年，适用于一般性建筑。

三级耐久年限 25～50 年，适用于次要的建筑。

四级耐久年限 15 年以下，适用于临时性建筑。

1.2.5 按材料和结构形式分类

建筑，使用的是空间，围合空间的是实体。这些实体如墙、柱、楼板等，须具备一定的承载力。建造实体的材料通常为砖石、木材、钢材、钢筋混凝土等。砖石和混凝土属刚性材料，它们抗压性能好而抗拉性能很差。木材为有机各向异性材料，顺纹抗拉和抗压强度较高，而横纹抗拉和抗压强度较低；天然木材强度还因树种而异，并由于木材缺陷，如木节尺寸和位置不同受力性质也不同。钢材为匀质材料，抗拉和抗压性能相同，强度高，但自重大。为节省材料、减轻结构自重，钢结构构件的截面相对混凝土、木材等构件要细薄得多，带来的问题是其受压时易失稳。所以钢材虽然为各向同性材料，但钢构件则以受拉为更好。

注：混凝土，可简写为“砼”（音 tóng），是由胶凝材料水泥和骨料砂、石按一定比例配合，经搅拌、成型、养护而得的常用建筑材料。钢筋混凝土，即在混凝土中按一定形式配置了钢筋，以弥补混凝土抗拉性能的不足，同时混凝土对钢筋起着保护和稳固作用。

建筑主体结构形式，即建筑的承重形式，可分为墙体承重、骨架承重和空间整体承重等。墙体承重的结构方式对空间限制度较大，空间较小，门窗开设受限制。一经建成，很难对空间大小和组合关系进行改变。它适用于多、低层住宅和中小型办公楼等。

骨架(柱)承重结构，空间分隔灵活，流动性较好，门窗开设自由，是多层、中高层的学校、商业、办公楼等建筑广泛采用的结构类型。

空间结构覆盖面大，但计算和施工难度大。也由于其结构轻盈，通常不在其上部叠合使用空间，主要用于大型活动空间，如影剧院、体育场(馆)、站房等建筑的屋面结构。

● 墙体承重

砖(石)墙体承重结构：砖(石)是经济性较好的承重墙体材料。如果要用砖石来做梁或楼板等水平构件，需做成拱形，以将竖向荷载分解为拱轴方向的压力。

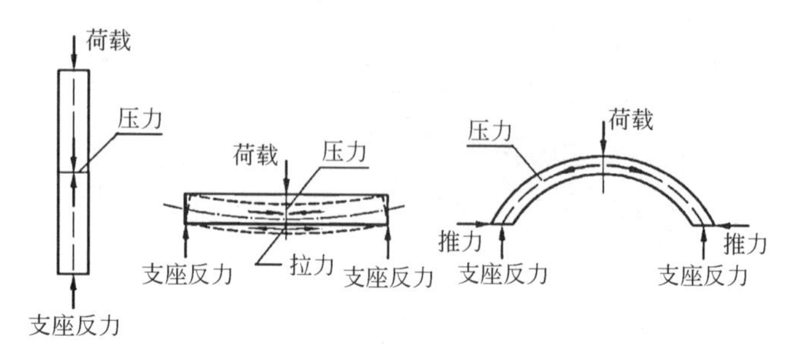

图 1-13 竖向构件、水平构件和拱的受力分析

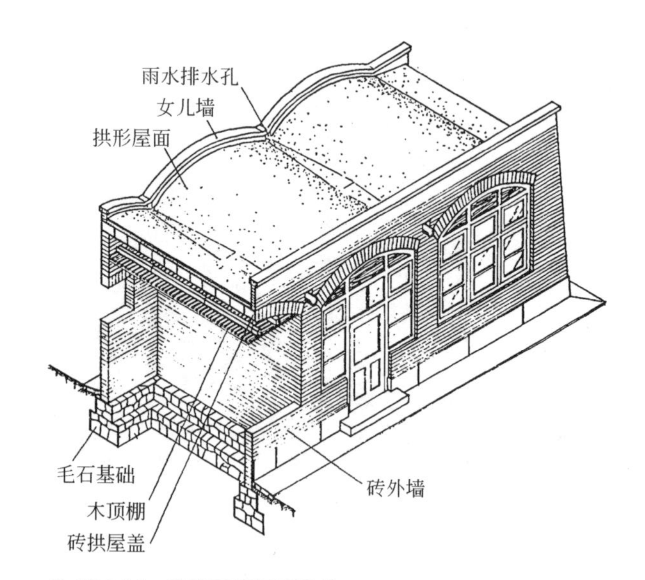

图 1-14 砖墙砖拱屋顶结构

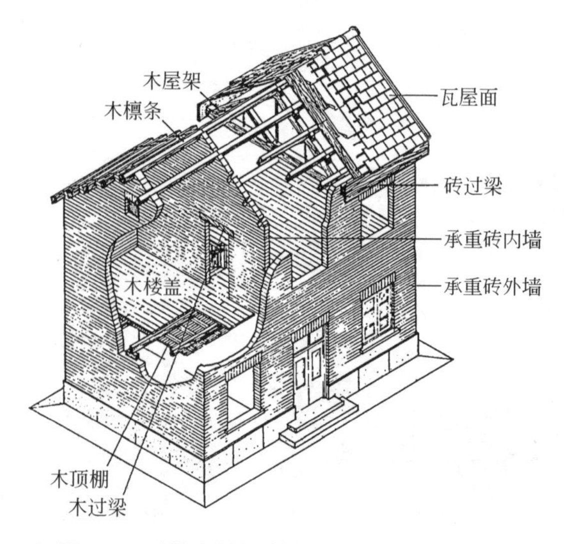

图 1-15 砖墙木屋架结构

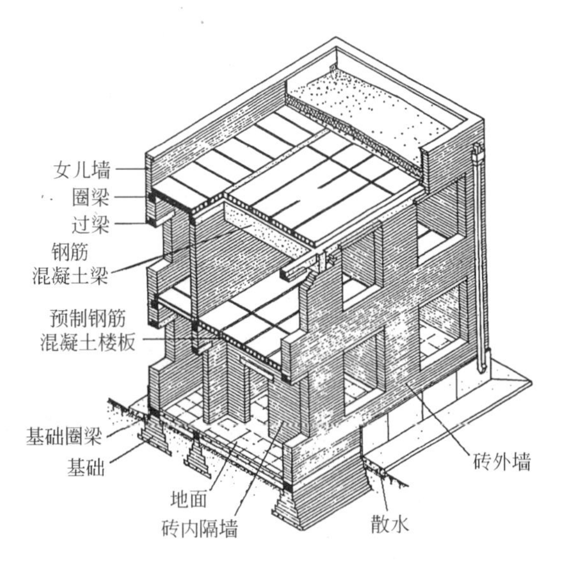

图1-16 砖墙钢筋混凝土楼板、屋顶结构

钢筋混凝土墙体承重结构：钢筋混凝土墙体强度较高，能在一定程度上抵抗风及地震作用在建筑上产生的弯矩和剪力，因而这种结构又被称为剪力墙(承重)结构(图1-17)，它整体性较好，可以建造较高的建筑，如高层住宅等。

注：弯矩是构件抵抗弯曲变形的力。构件受到非轴心力时，一定条件下会产生弯矩。在弯矩的作用下，构件的一边受压，另一边受拉，其截面则存在剪切应力。反之，构件截面能承受剪力，则能承受弯矩，抵抗弯曲变形，承受非构件轴线方向的荷载，如剪力墙承受风和地震所产生的水平力。

● 骨架承重

由柱和梁构成承重骨架，再辅以各种板材构成

图1-17 钢筋混凝土剪力墙结构

空间分隔和围护的结构系统。骨架承重系统中，因柱和梁的连接节点不同、建筑的层数不同，有排架结构、刚架结构和框架结构之分。

排架结构的柱和梁连接节点为铰接，相互不约束，梁是“搁”在柱上的，柱承受梁传来的竖向荷载，而不会分担梁的弯矩。这类结构整体性较差，多用于单层建筑。常见有砖排架(砖柱和钢屋架，或木屋架，或钢筋混凝土屋架组成)和钢筋混凝土排架。

刚架结构的柱和梁连接节点为刚接，即梁柱浇筑(钢筋混凝土梁柱)或焊接(钢梁柱)为整体，相互达到一定程度的约束，形成内力的相互传递。刚架结构抗振动和变形的能力更强，适用于有振动的或更高大的厂房建筑。

框架结构是多层、多跨结构，其梁柱为刚性连接，结构整体性较好，空间灵活度较大，适用于多层或中高层公共建筑，如办公楼、商场等。

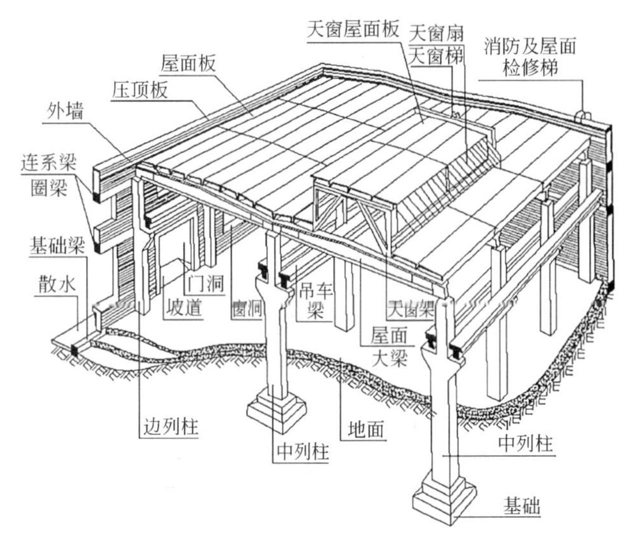

图1-18 预制钢筋混凝土排架结构

图 1-19　钢排架结构

图 1-20　门式刚架

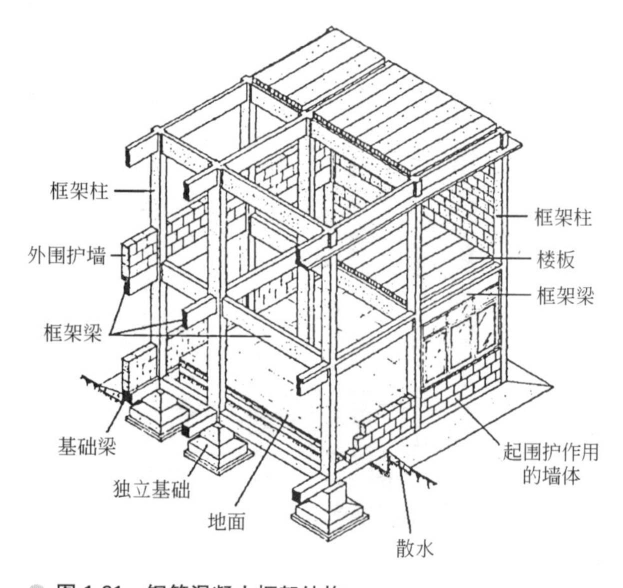

图 1-21　钢筋混凝土框架结构

图 1-22　钢框架建筑

● 空间结构

墙体承重和骨架承重，其受力和传力关系图可以分步简化到一个平面内，因此又称为平面结构体系。而空间结构，其力的传递是多向的，是牵一发动全身的整体结构。常见的有网架、壳体、索膜结构等(图 1-23～图 1-26)。

图 1-23　网架结构

图 1-24　壳休結构

图 1-25　索膜结构

图 1-26　网膜结构

1.3　建筑物的构成要素

构成建筑物的主要构配件有六大部件：基础、墙(柱)、楼(地)层、屋顶、楼(电)梯和门窗。

1.3.1　地基和基础

基础是建筑物最底部的构件，它将整个建筑物托起，并稳稳地坐在地基上。地基是承受整个建筑重量的土层，不属于建筑物的组成部分。

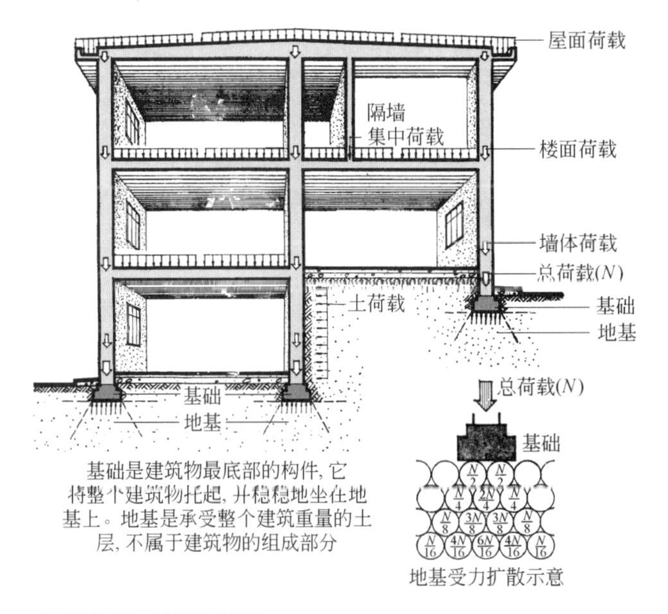

图 1-27　地基和基础

当地基强了，基础可以弱些，采用独立基础或条形基础即可。当地基弱了，基础就必须加强，以至于将桩基深入至地基土层，起加固地基的作用。

地基的强弱，是以建造其上的建筑物总重量为衡量标准的，当建筑物体量小、高度低，对地基的要求就低；大型建筑对地基的要求就高。地基弱了，基础就需要做大做强，采用联合基础，如筏基或箱形基础。

1.3.2　墙、柱

墙是建筑物的竖向分隔构件，柱是建筑物的竖向承重构件。当没有柱时，墙就兼职起承重作用了。要利用墙体承重时，其间距在符合建筑空间大小要

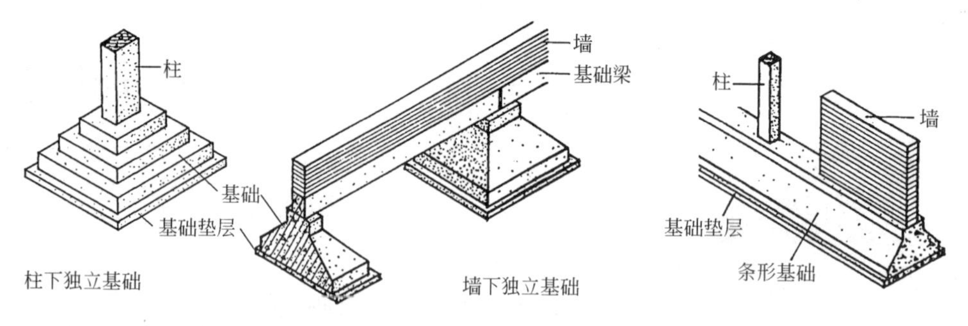

图 1-28　独立基础、条形基础

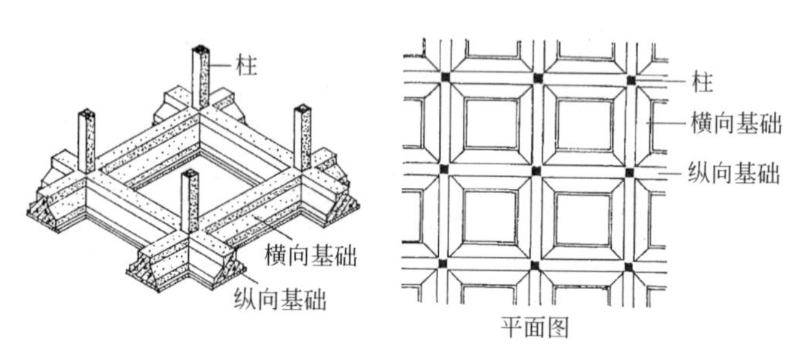

图 1-29　井格基础

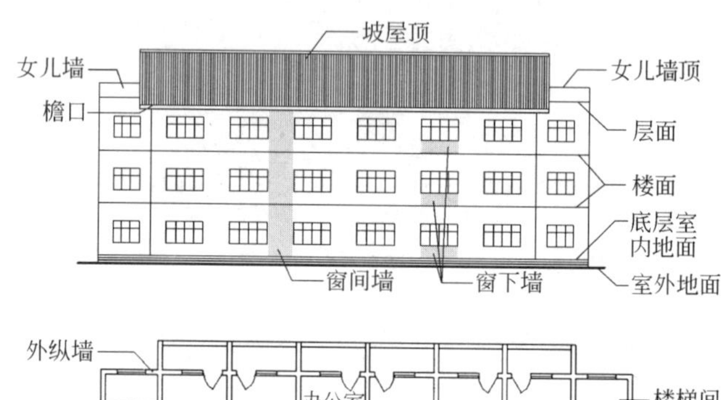

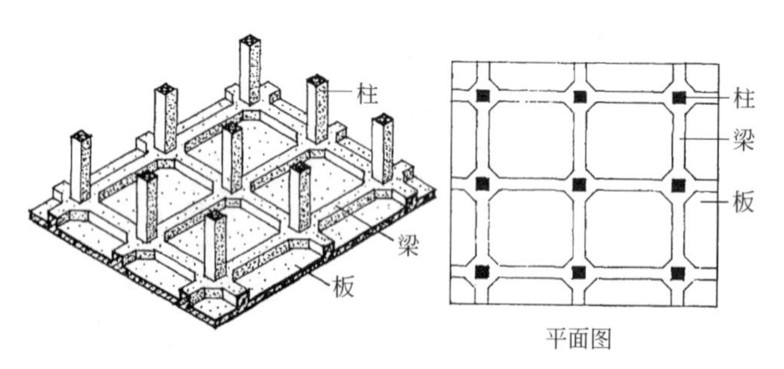

图 1-30　片筏基础

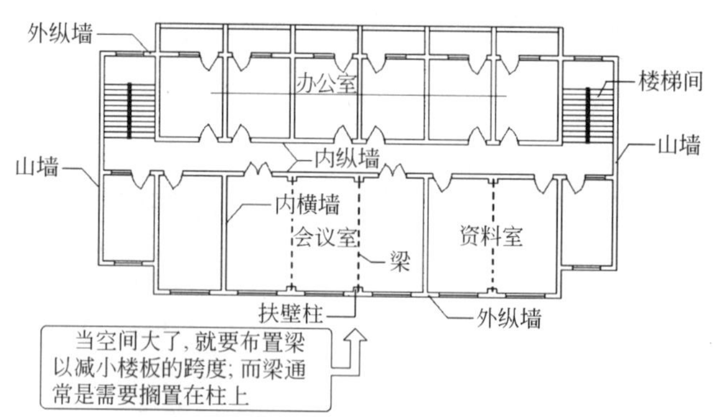

图 1-32　墙体名称

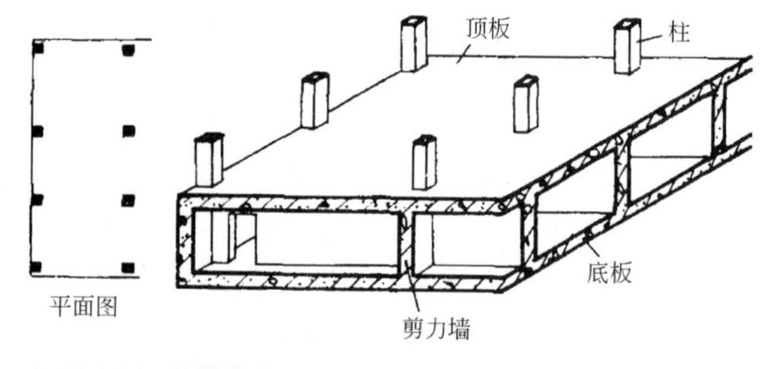

图 1-31　箱形基础

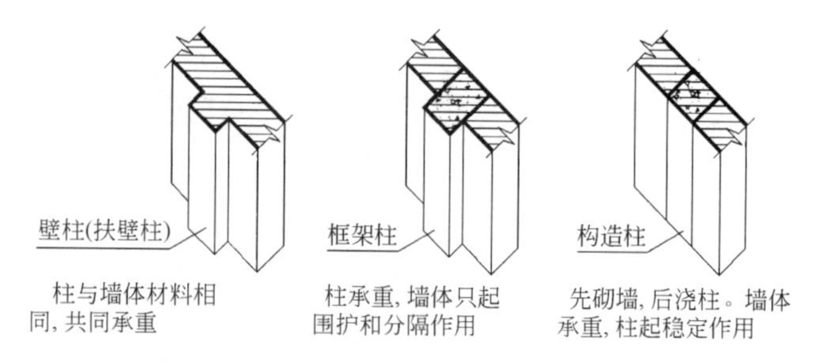

图 1-33　柱的类型

求的同时还应符合梁和楼板等水平构件的经济跨度的要求。通常板的经济跨度是2.5～4m，梁的经济跨度为6～8m，因此完全的墙体承重结构，只适用于中小建筑空间。

墙是建筑物的竖向分隔构件，需满足分隔、围护和美观的要求。分隔，就是分离隔开，建筑物中需要分隔的要素有交通、视线、光线和声音。能够完全阻碍通行，割断视线、光线和隔绝大部分噪声等干扰，保证空间独立使用的构件就可以称为墙体了。建筑物中常常会在一大间房间内分隔部分小空间，而这些空间之间存在视线、光线或声音的渗透，分隔这些空间部件应称之为隔断而不是墙。

构成墙体的材料通常有历史悠久的传统材料，如石、砖、木、泥等；也有近现代材料，如彩钢板、玻璃幕墙、膜等。

墙体的施工建造方法常见有砌体墙、现场浇筑墙、板材墙、骨架墙等。砌体墙包括砖墙和砌块墙，它们都是用块材和砂浆按一定的组砌方式砌筑而成。现场浇筑墙主要是混凝土或钢筋混凝土墙，现场布扎钢筋、支模、浇筑而成。板材墙是指在工厂预制成一块块大板，现场拼装而成。骨架墙由骨架和面板组成。传统的骨架面板墙为轻质墙，以室内隔墙居多。现在有了很多新型的“骨架面板”墙，它们由钢骨架和玻璃及各种形式的金属板材构成现代建筑外墙。

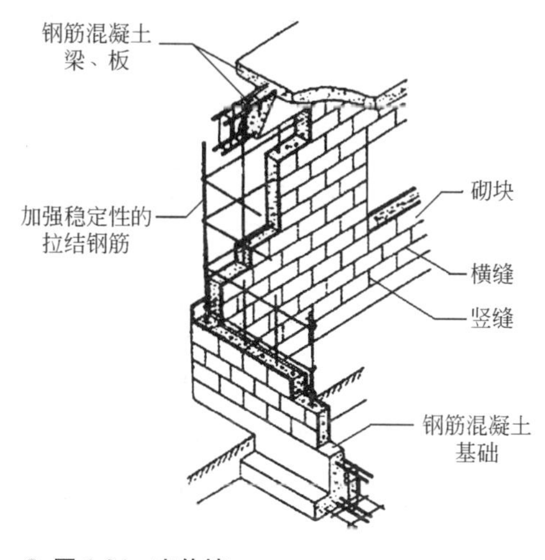

图1-34　砌体墙

图1-35　浇筑墙

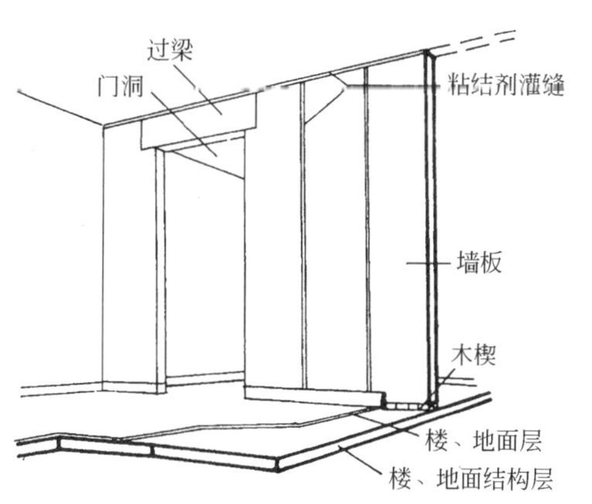

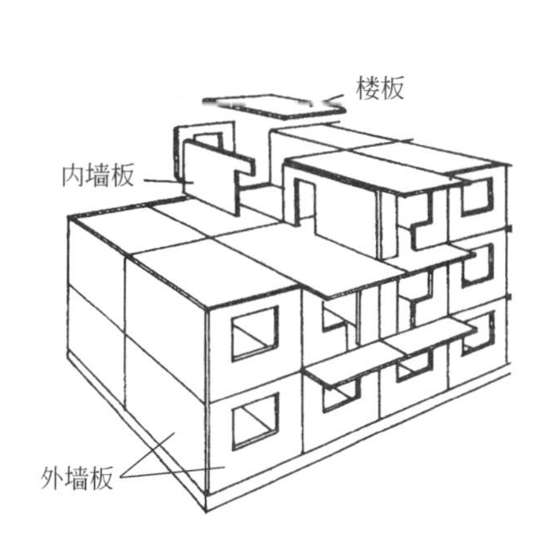

图1-36　板材墙

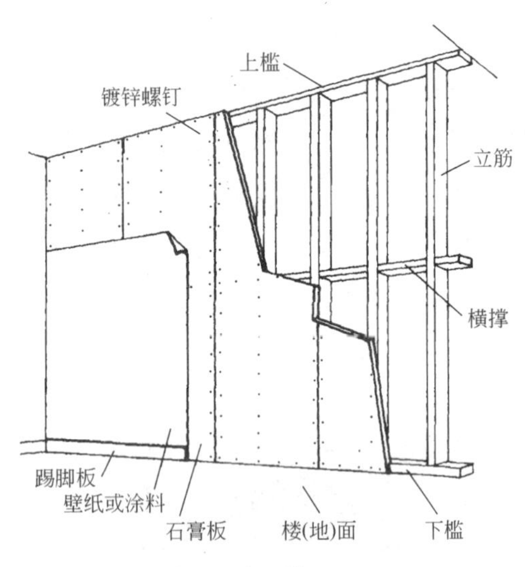

图 1-37　轻骨架室内隔墙

墙体除满足分隔和承重要求外，还应围护空间环境和安全，具体就是保温隔热、防潮防水、防火、隔声等。不仅如此，墙体的美观要求也很重要，主要体现在造型及其比例、尺度和墙面的色彩和质感等。有时候，承重墙体的结构表面不作修饰即为墙面，俗称清水墙，有时候则需要对墙体表面进行装饰，即墙体饰面。

图 1-38　墙体不同质感的表面

非墙体承重结构中的外墙，一种称为填充墙，另一种称为幕墙。填充墙的重量是“搁”在框架结构上的，而幕墙的重量是“挂”在结构上的。

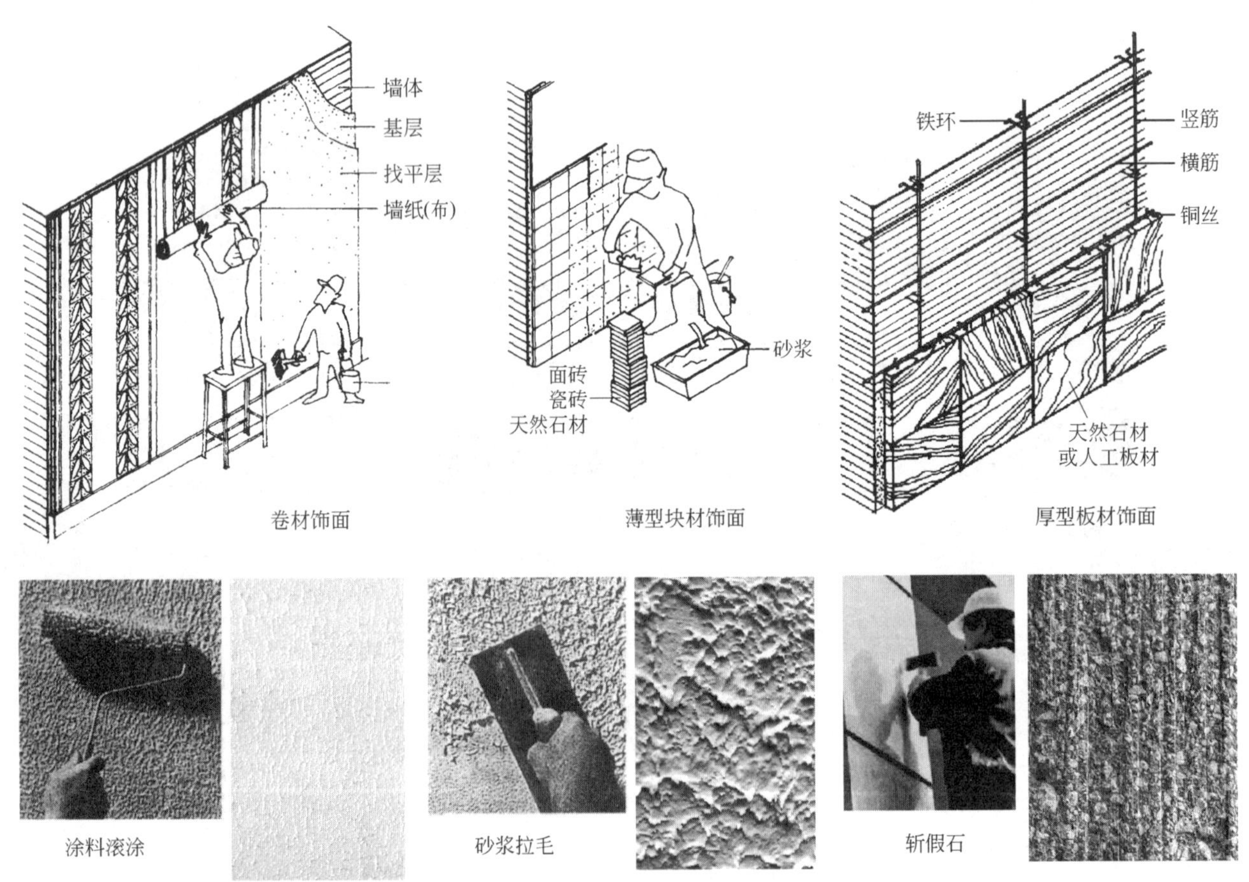

图 1-39　墙体饰面示例

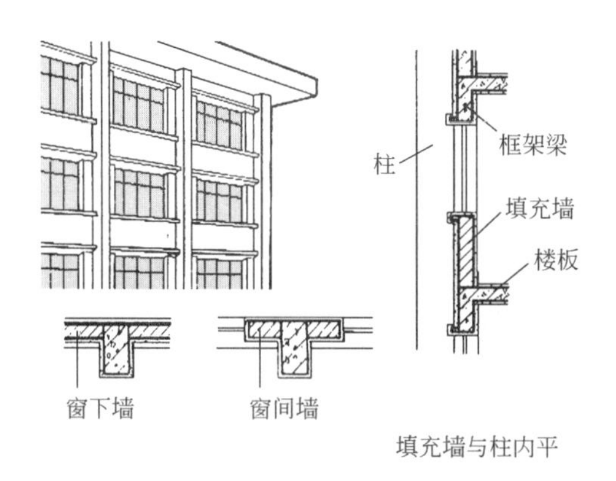

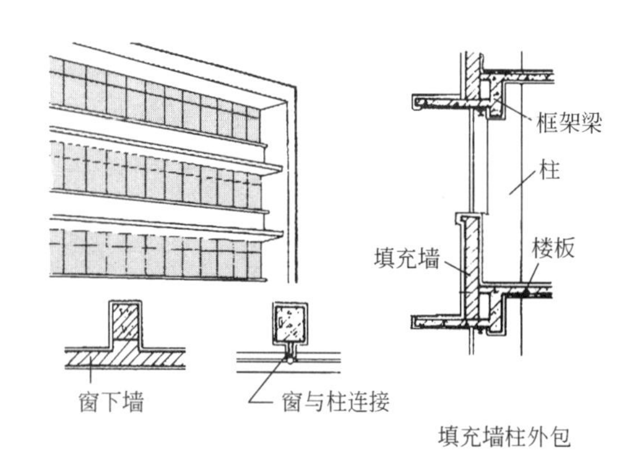

图1-40 填充墙与框架结构的关系示例

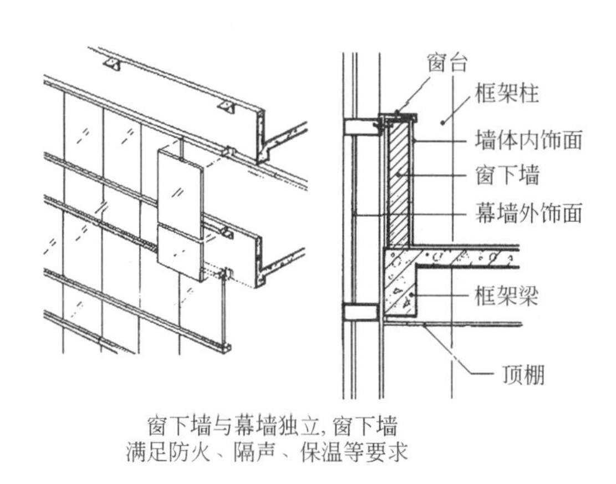

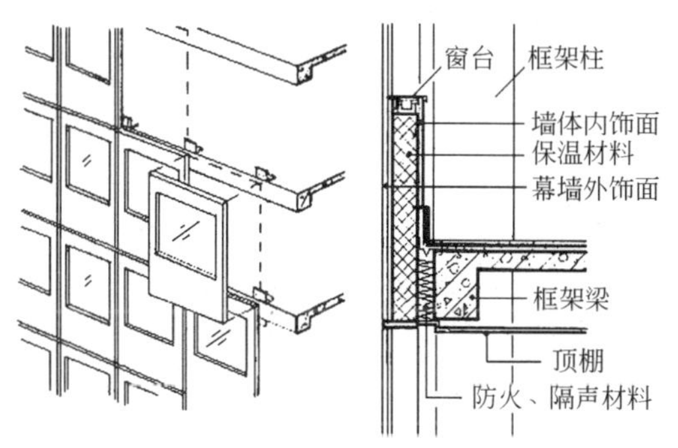

图1-41 幕墙与框架结构的关系示例

1.3.3 楼、地层

楼、地层是人们活动的“场面”，是建筑物的水平分隔和承重构件。建筑物的略高于室外地面的带有众多出入口的这一层，通常称为底层平面，当没有地下室时，这一层的地面层就是建筑空间与地表土层的分隔层。

图1-42 楼、地层功能组成

楼、地层的使用功能是相同的，地层通常是指将建筑底层的地坪直接筑在地表土层上，而楼层是将楼板层架在墙体和柱子上的，对它们的结构要求就不一样。地层的结构要求不高，做法上多按经验设计，由建筑专业完成，通常冠以“构造解决”。有地下室时，地下室底层的地层也是“搁”在土层上的，但因为它通常是基础的一部分，并可能受到地下水的作用，应由结构工程师完成其受力部分的设计。

楼、地层是水平分隔构件，有分隔空间和隔声的要求，同样也有保温隔热、防潮防水、防火等要求。楼层同时还是下面一层的顶棚，因此，楼、地层是由地面面层、结构和顶棚三个基本层组成，再依据特殊情况加保温隔热、防潮防水和隔声等夹层，构成完整的楼层或地层。

楼、地层的结构层材料通常是钢筋混凝土、木材和钢材等，而地面和顶棚的材料就相当丰富了，地面有石材、地砖、木地面、地毯、塑胶地面等等，顶棚有结构抹灰面、石膏板、矿棉板和各种材料(钢、铝合金、塑料)的扣板、格构等。

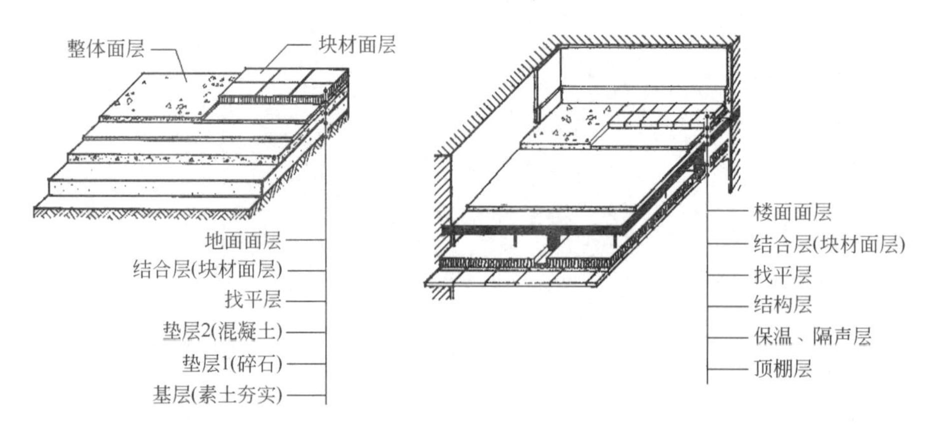

图 1-43　楼、地层组成

图 1-44　钢筋混凝土楼板形式

图 1-45　轻型木楼板结构层

图 1-46　轻钢楼板结构层

楼、地层的美观，同样体现在形的比例尺度和面的色彩和质感上，与墙体不同的是，楼、地层的美观主要表现在室内。常用作楼地面面层的材料有硬木板材、花岗石、大理石、地砖、陶瓷锦砖、塑料地面、地毯等等。

石膏板吊顶
花岗石地面

木格吊顶
环氧涂料地面

金属条板吊顶
环氧自流平地面

图 1-47　地面、顶棚装饰示例

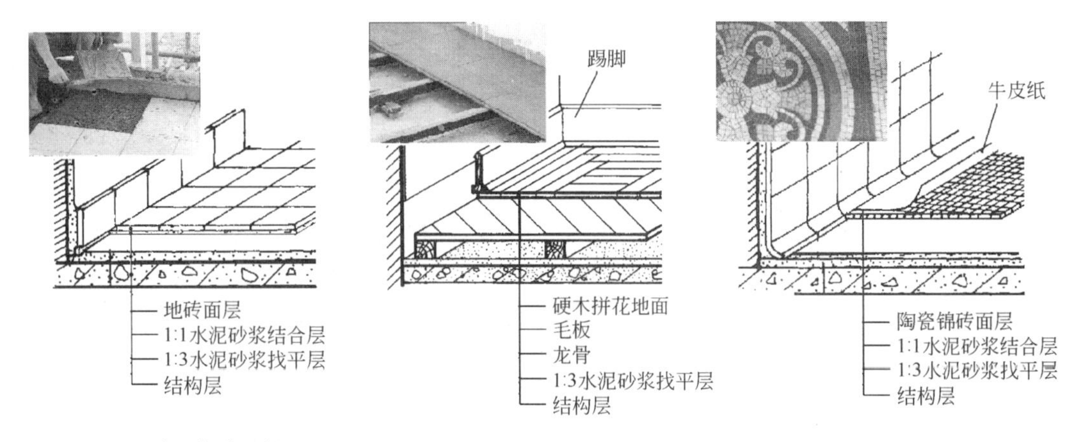

图1-48 地面构造示例

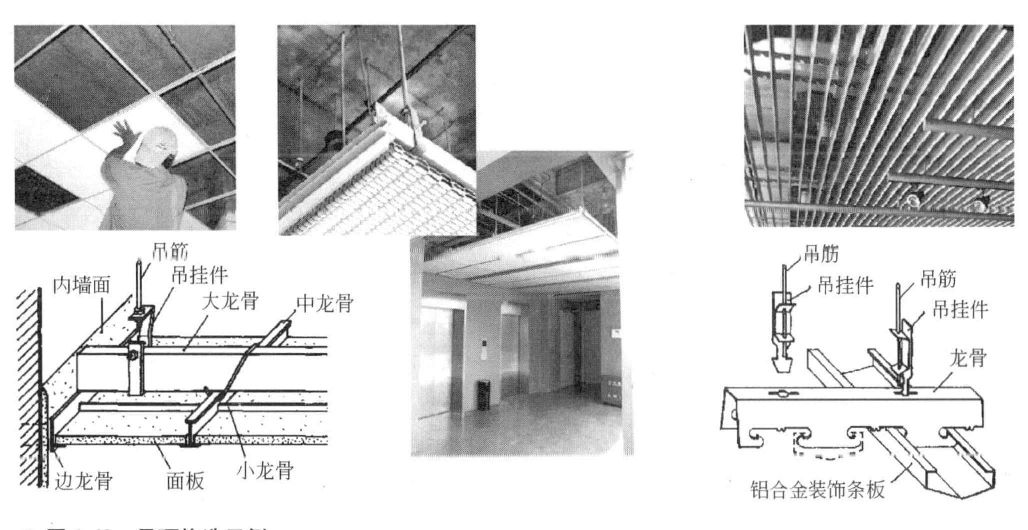

图1-49 吊顶构造示例

1.3.4 屋顶

屋顶是建筑室内空间的最顶部部分，它覆盖和保护着整幢建筑，与建筑的竖向构件相互支撑。屋顶既是承重构件，也是围护构件。屋顶的围护主要体现在防水和保温隔热。屋顶是建筑的外部构件，对造型影响极大，其美观要求很高，是体现建筑风格的重要元素之一，又被称之为建筑的第五立面。

屋顶通常也由三个基本层次组成：屋面、结构和顶棚，再辅以保温隔热和防水层。平屋顶的结构层和顶棚层构造与楼层基本相同。坡屋顶的结构层构造类型较多，大型的多采用钢筋混凝土或钢材，中

图1-50 平屋顶简洁现代

小型的也可以采用木结构、轻钢结构等。坡屋顶的顶棚，因为有了坡屋面结构构成的“剩余”空间，其造型的可能性就大多了，设计趣味也就出来了。

屋面主要应满足防水要求，尤其是坡屋面，其防水主要由各种瓦面来担当。常见的瓦面有各种形式的黏土瓦、水泥瓦，还有金属瓦、油毡瓦、石片瓦等。

图 1-51　坡屋顶地方特色浓郁

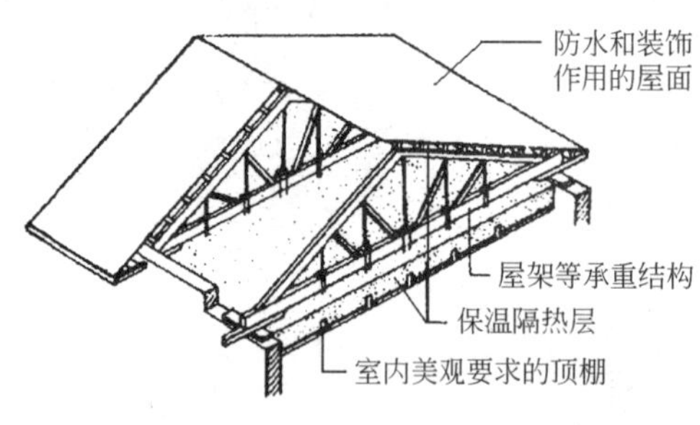

图 1-52　屋顶构造组成

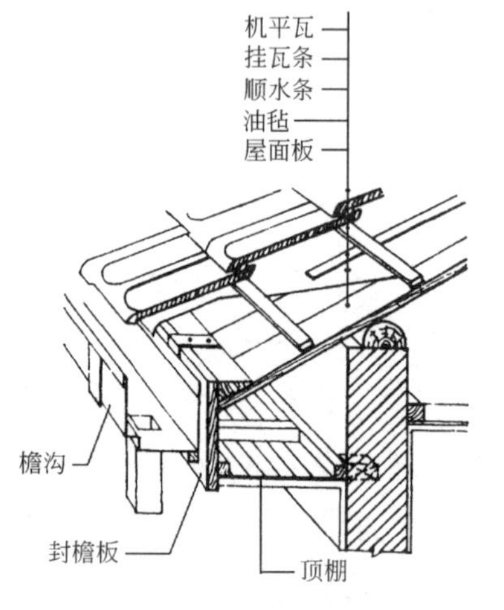

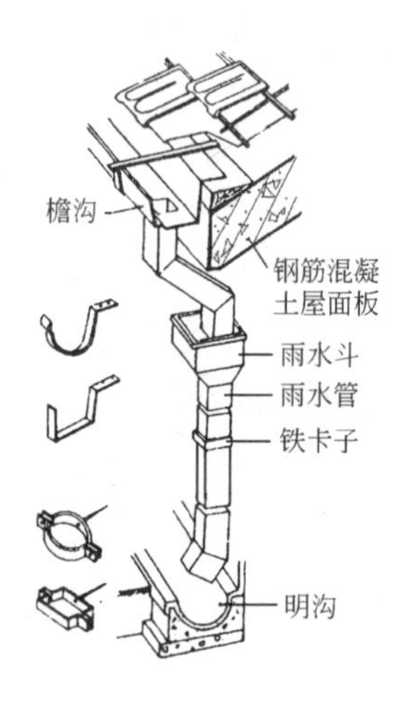

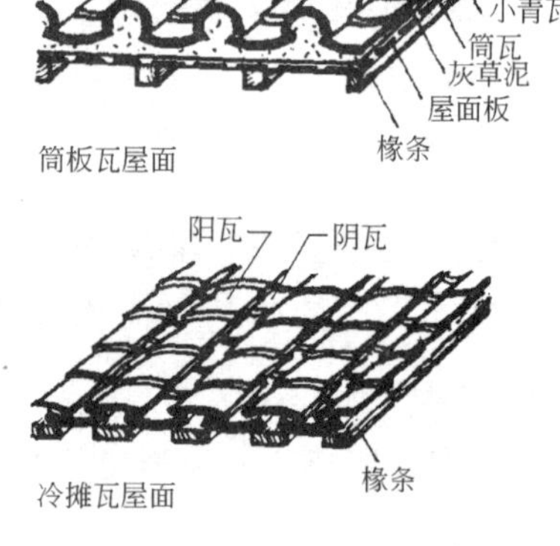

图 1-53　瓦屋面

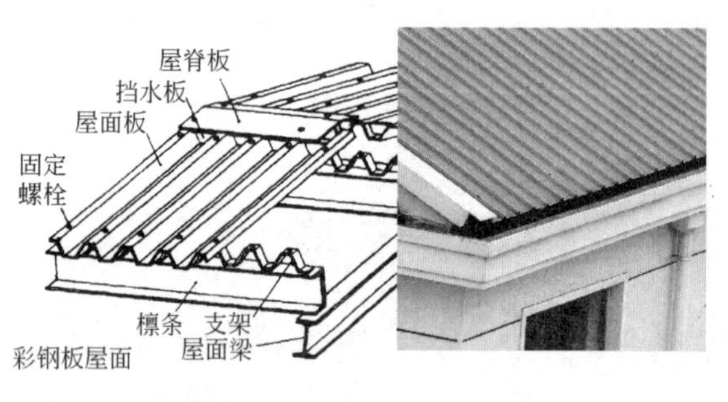

图 1-54　屋面做法举例

1.3.5 楼、电梯

楼、电梯和自动扶梯是联系楼、地面不同标高的交通构件。电梯和自动扶梯不是严格意义上的建筑构件，更不是建筑的必备设施。但现在建筑楼层高了，建筑标准也提高了，为了更快地输送人流和满足使用者的舒适性，安装电梯和自动扶梯的建筑越来越多。

电梯设备分为两大部分，一是载人载物的轿厢，二是提升和控制设备。轿厢在电梯井道中运行，由于检修和缓冲等要求，井道的底部需要有基坑，最上层停靠处至井道顶部应有较大距离，这个距离与电梯的运行速度有关。电梯的提升和控制设备通常是放在位于井道的上部的电梯机房里，机房面积须大于井道面积。运行层数不多和提升高度不大的电梯，可以采用无机房电梯或液压电梯，液压电梯的机房通常设置在距井道不远的底层或地下室。

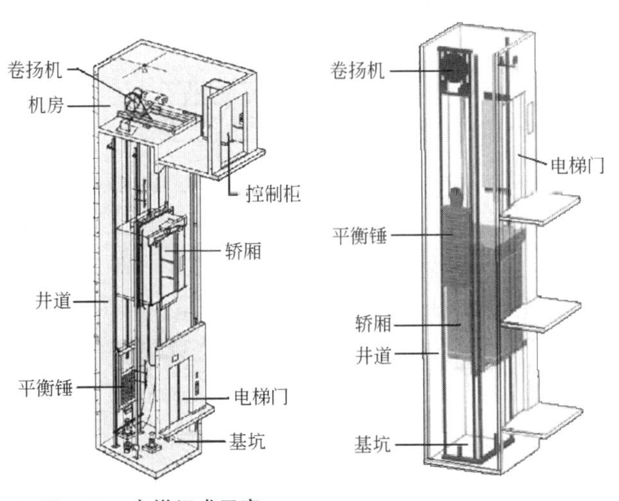

图 1-55　电梯组成示意

自动扶梯有很强的人流导向作用，方便上下空间的连通，适用于人流量较大的大型公共建筑，常见为直线型，也可做成弧形。

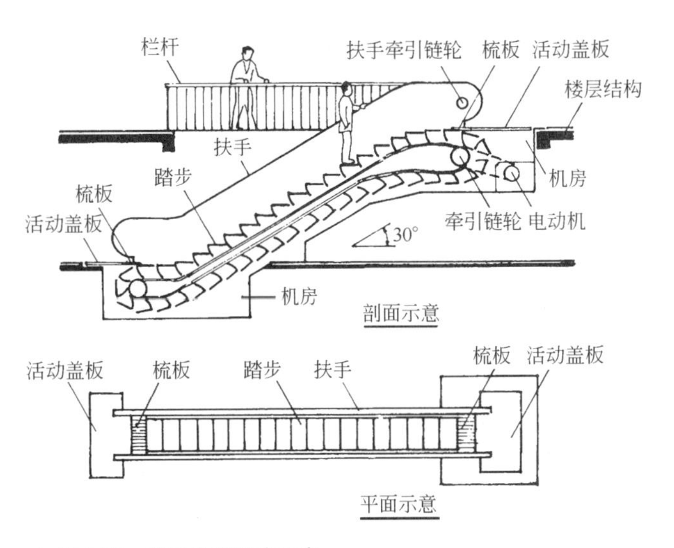

图 1-56　自动扶梯组成示意

使用电梯和自动扶梯上下楼层方便省力，但不可靠，除停电或设备维护和检修不能使用外，在火灾和地震发生时也不可以使用。只有楼梯或坡道才是建筑物竖向的安全疏散通道。

楼梯由梯段、平台和扶手栏杆三部分组成。梯段起垂直交通作用，平台起休息或转换方向作用，栏杆扶手起安全作用。

在所有的建筑构配件中，楼梯是最需要按人体尺度来设计的，其直接影响到行走的舒适和安全。楼梯梯段由相同大小的踏步组成，通常人们走楼梯是一步一踏步，因此每个踏步的尺度一定要与人们的步距协调。一般人们的水平步距是 600～700mm，而竖向提高时的步距是 300mm 左右，考虑妇女和儿童，楼梯的踏步设计应遵循 $b+2h=600$mm 的规律。

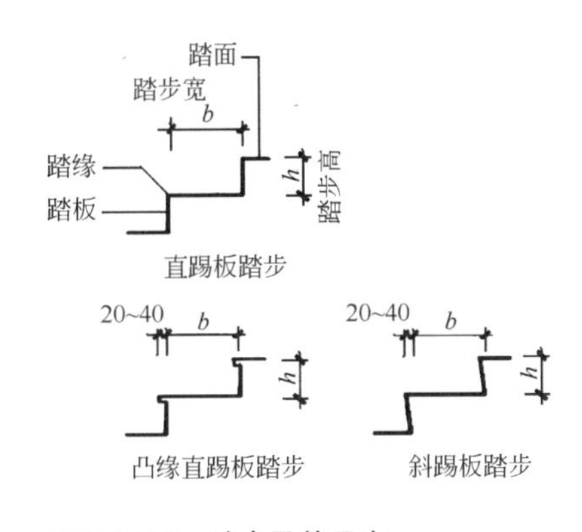

图 1-57　踏步及其尺度

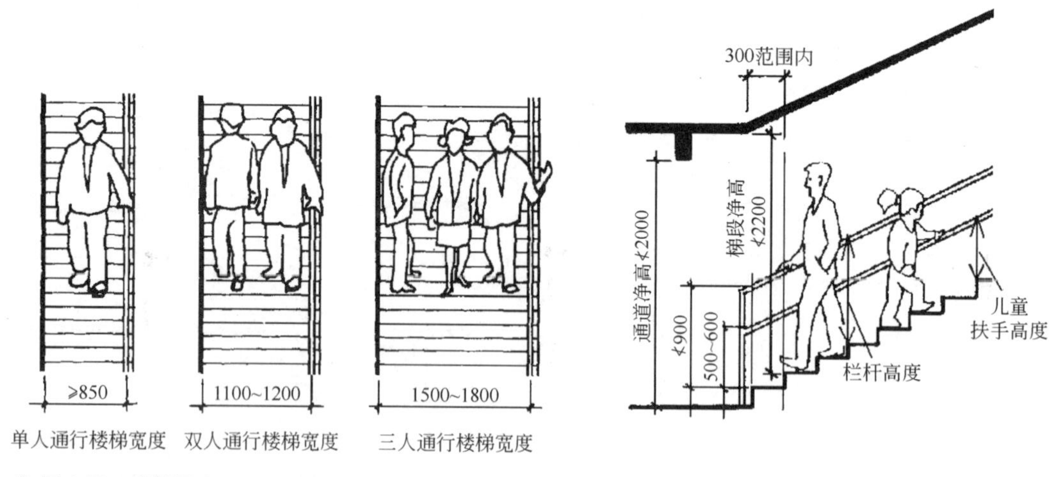

图 1-58　楼梯尺度

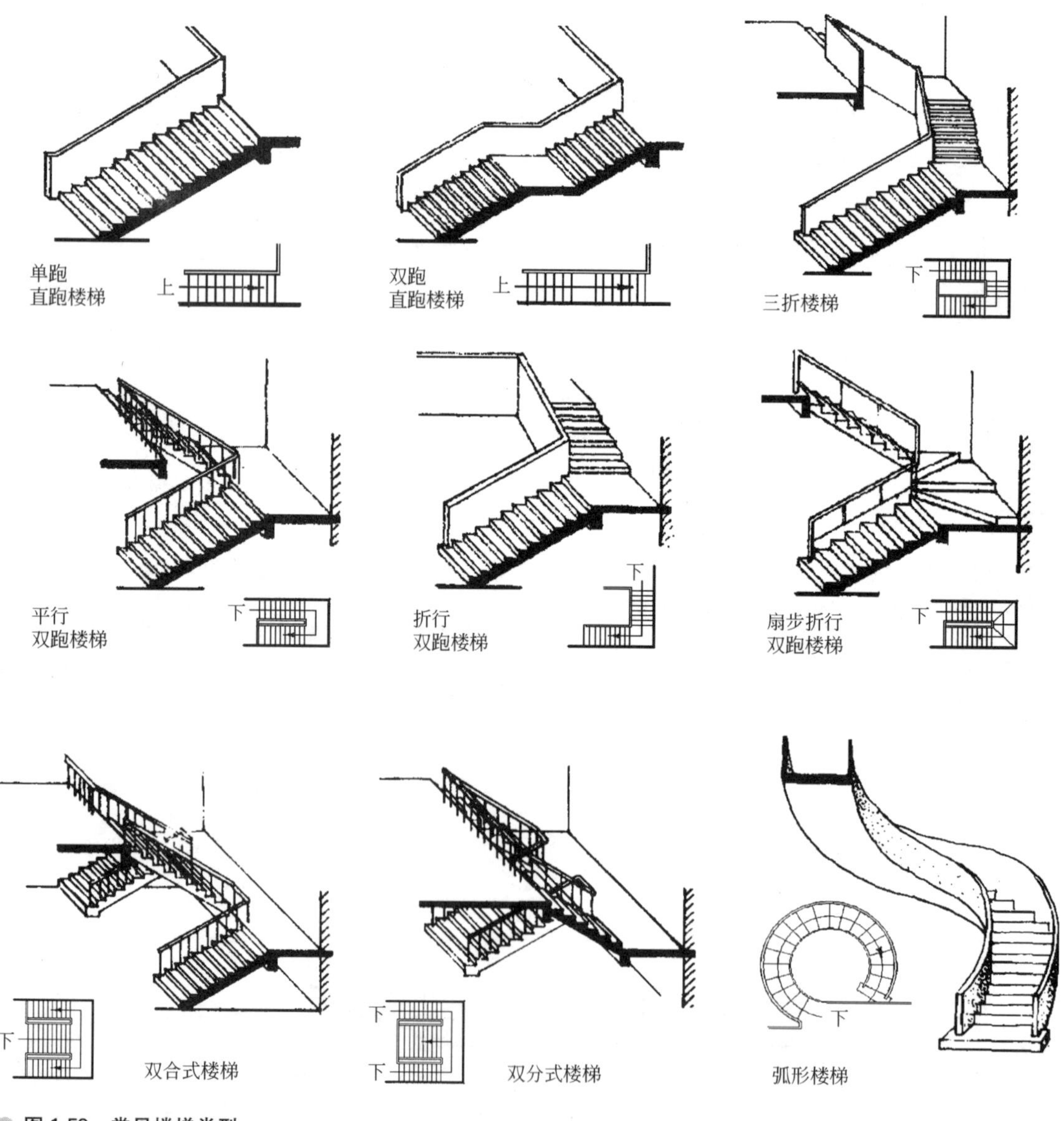

图 1-59　常见楼梯类型一

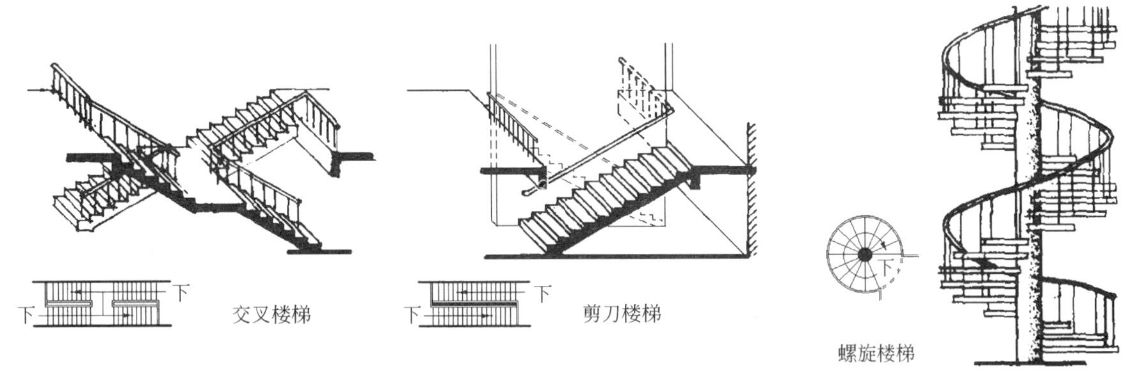

图 1-60 常见楼梯类型二

图 1-61 楼梯造型实例

公共建筑和部分住宅应做到无障碍设计，主要出入口及活动空间，楼、地面标高不同时应采用坡道或升降机联系。满足无障碍要求坡道的坡度不大于 1/12，坡道净宽不小于 1200mm。

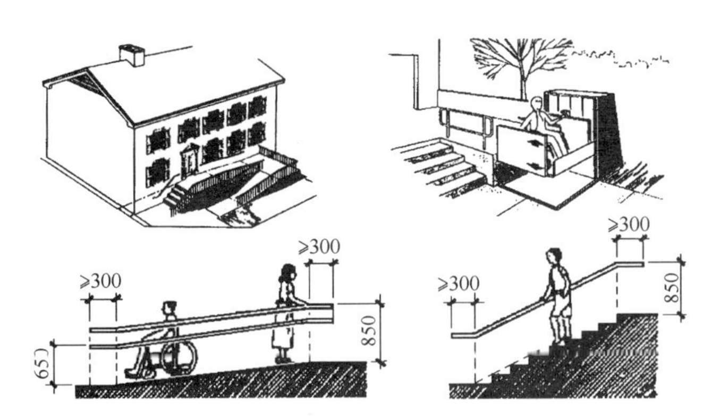

图 1-62 建筑出入口无障碍设计

1.3.6 门窗

门窗是特殊的墙壁，对它们进行特殊的设计，以满足人们在室内空间内也能适时享受自然的阳光和空气，欣赏室外的风景。

门的主要功能是空间之间的交通联系，窗的主要功能是采光、通风，保温隔热和装饰也是其应该满足的功能要求。外墙上的门窗，除了和墙一样应满足围护要求外，其设计重点是考虑如何让开窗位置与室内空间统一、造型与内部功能特性统一、外部景观为室内空间利用等等，处理好这些关系，才能获得令人满意的建筑。

图 1-63 门窗是可开启的外墙

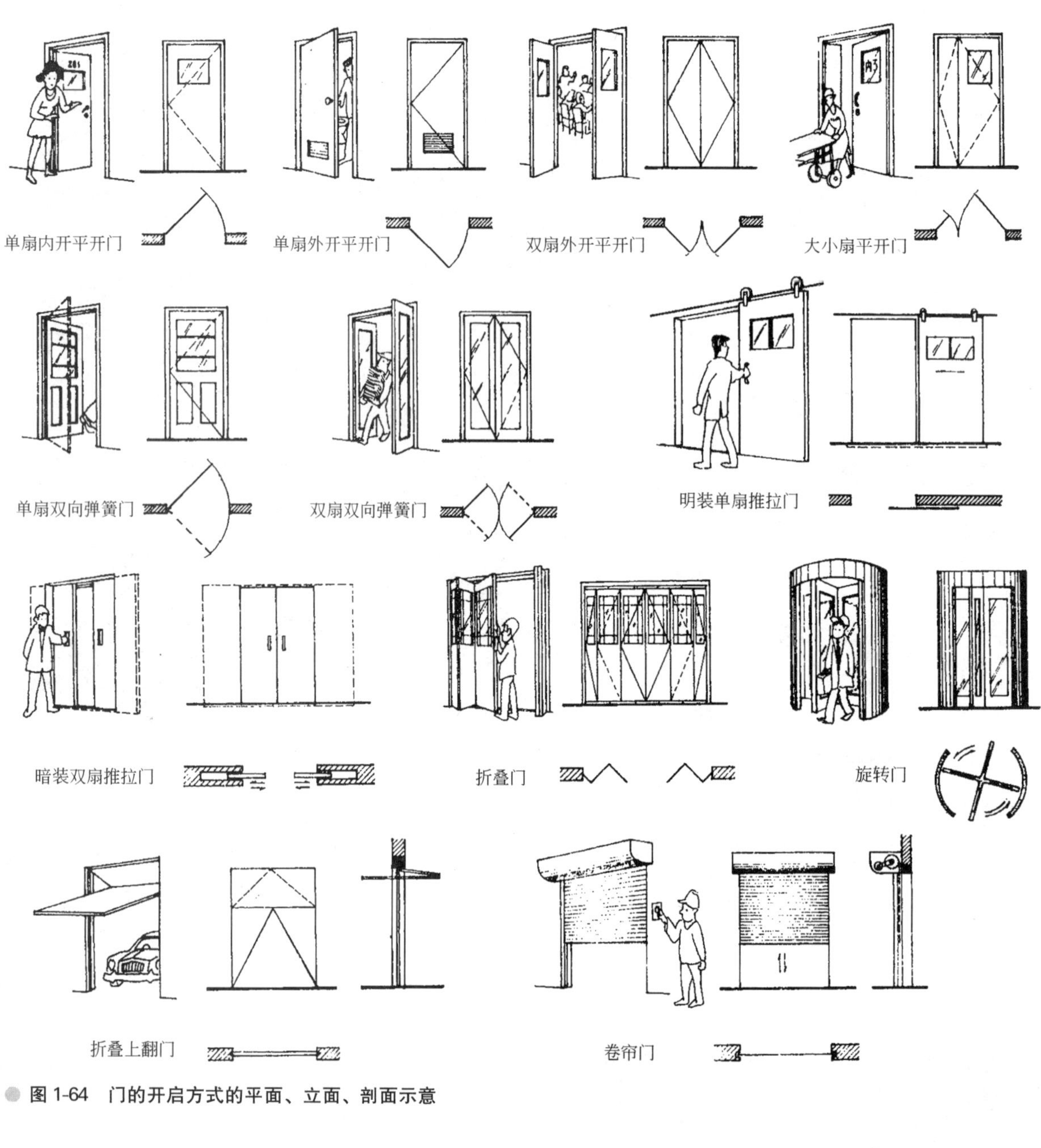

● 图 1-64　门的开启方式的平面、立面、剖面示意

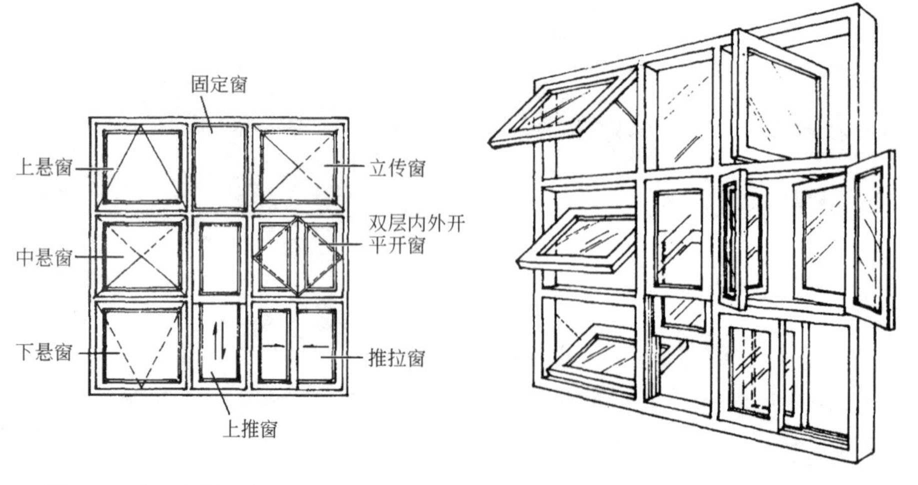

● 图 1-65　常见窗的开启方式

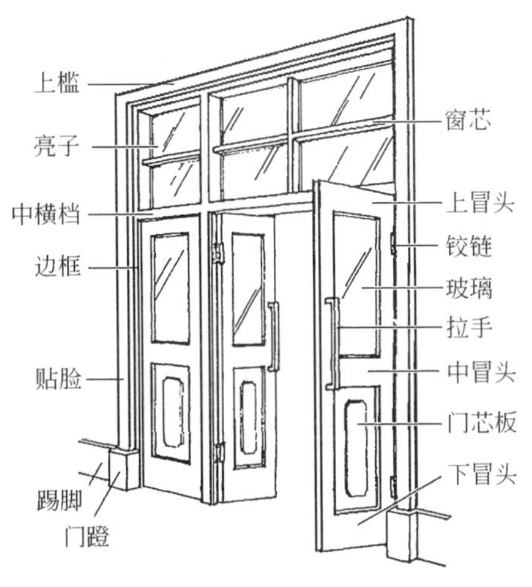

图1-66　门的组成

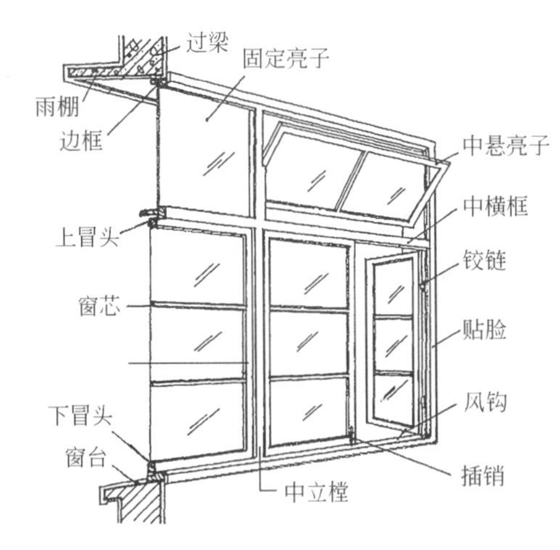

图1-67　窗的组成

钢门窗

木门窗

塑钢门窗

铝合金门窗

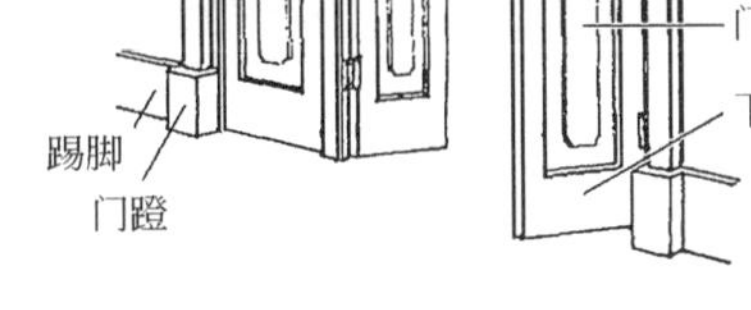

图1-68　不同材料门窗示例

1.4　建筑的特性

1.4.1　建筑的空间性

中国古代哲学家老子曾对空间的形成和作用有过精辟的描述："埏埴以为器，当其无，有器之用。凿户牖以为室，当其无，有室之用。故，有之以为利，无之以为用。"即门、窗、墙身等实体是用来围合空间的，而人类使用各种建筑材料建造一栋建筑的最终目的，是利用其内部空间遮风避雨及生活起居。这，就揭示了建筑的根本——创造适用空间。

图1-69　盛器所形成的空间

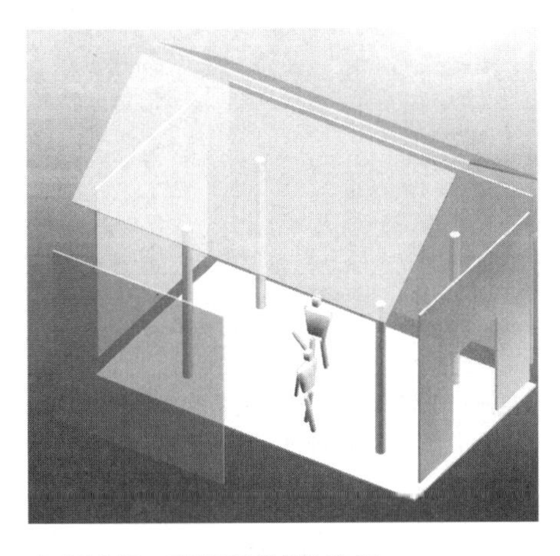

图1-70　建筑所形成的空间

根据建筑空间的使用性质可分为主要使用空间、次要空间、辅助空间等。在一栋教学楼里，教室、办公室是主要使用空间，其面积、朝向首先要得到保证；卫生间、储藏室属于次要空间，可布置在朝向差的部位；辅助空间是门厅、走廊、楼梯等交通空间，在流线组织、防火疏散中起重要作用，但是若占用太多建筑面积，建筑的经济性、合理性就会受到影响。

建筑空间在其形成的方式上各有不同，会形成封闭空间、流动空间、共享空间、开放空间、“灰空间”等各种空间形式，各类空间形式的实用性也不尽相同。用实体的墙、楼地板、门窗围成的封闭空间，空间完整、独立，私密性较好，是较常见的空间形式，适用于卧室、教室、办公室等空间。如用隔墙、隔断、柱、家具将空间划分，使空间既有一定的功能分区，又有相当的完整性，空间隔而不断，被称为流动空间，适合于博物馆展厅等展示空间。共享空间又称为中庭，处于建筑的中心，周围环以多层挑廊，是一个丰富的、公共的交流、休息空间；为将阳光引入室内，中庭的顶部常设计为玻璃顶棚，中庭内还种植各类植物，以创造良好的自然氛围，此类空间常见于大型商业建筑、旅馆、办公楼。灰空间介于室内与室外空间之间，往往有顶无墙或仅用铺地、列柱将建筑与外部空间虚虚地分离，灰空间一般是室内外的过渡空间。

● 图 1-73 用列柱和大雨篷形成的灰空间，是室内外空间、新旧建筑间的过渡

● 图 1-71 走廊——建筑室内交通联系空间，又被称为辅助空间；走廊的形状、宽度都可以根据设计要求变化

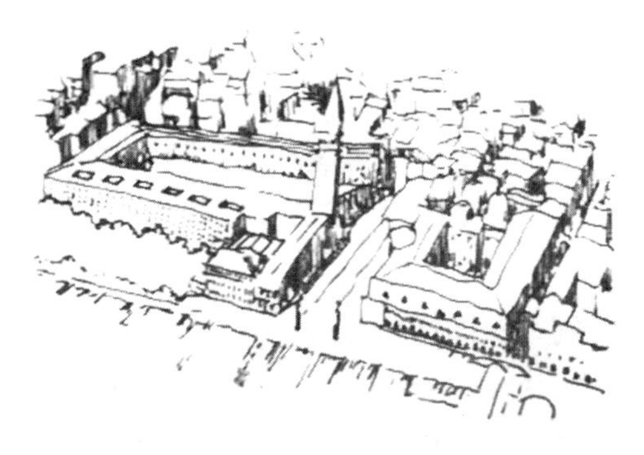

● 图 1-74 广场——城市空间的中心，是建筑的外部环境空间

● 图 1-72 中庭——公共空间的交流中心，又被称为共享空间

建筑空间具有层次。首先墙、柱、楼板围合成房间，再由各个房间组合成一幢建筑，不同功能的建筑物形成街坊，道路又将街坊连成城市。按空间组合的各阶段，对应的设计范畴则分别为室内设计、建筑设计、景观设计、城市设计、城市规划设计。其中建筑设计需完成建筑物实体的设计，微观需考虑内部各个空间的使用，宏观需考虑城市的整体风貌，所以是整个空间设计体系的核心。

房间是建筑的基本单元。在建筑设计过程中，需充分考虑每个房间的功能、采光、通风、日照、平面形状、尺度、家具设备布置和各房间之间的联系与分隔；而室内设计则关注房间内墙面、地面、顶面的材质选用、色彩搭配、灯具及照明形式、家具式样等细化。

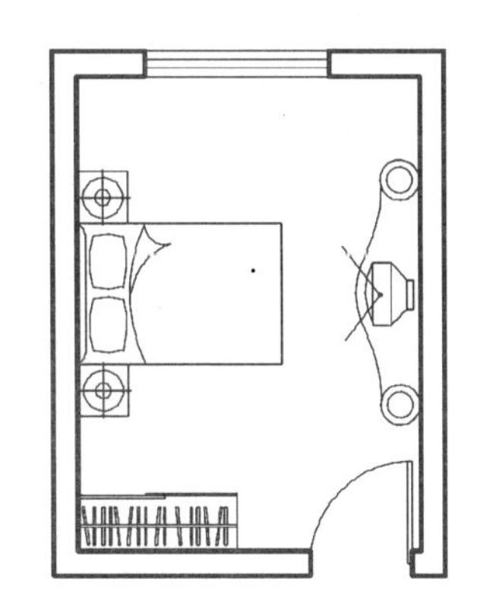

图 1-75　卧室的基本功能

图 1-76　室内透视——属于室内设计范畴

一户住宅由卧室、起居室、卫生间、厨房、餐厅等基本空间组成，多户组合成单元，多个单元组合成一栋住宅楼，属于建筑设计范畴。

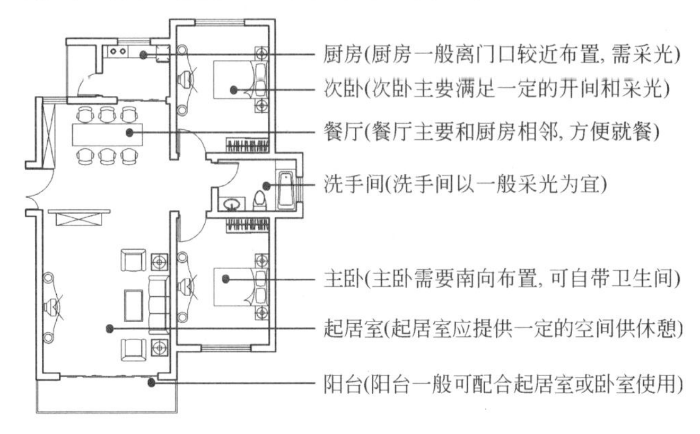

图 1-77　一户住宅单元的空间组合——建筑设计范畴

大多数公共建筑的功能都比住宅建筑复杂，如综合办公楼就会包括门厅、接待中心、休憩区、办公室、会议室、多功能厅、超市、咖啡厅、盥洗室、设备用房等不同功能和尺度的空间。空间分隔要根据功能和流线分析进行；且由于各空间面积不等，一般采用框架结构为承重体系，内墙可相对灵活(图 1-78～图 1-80)。

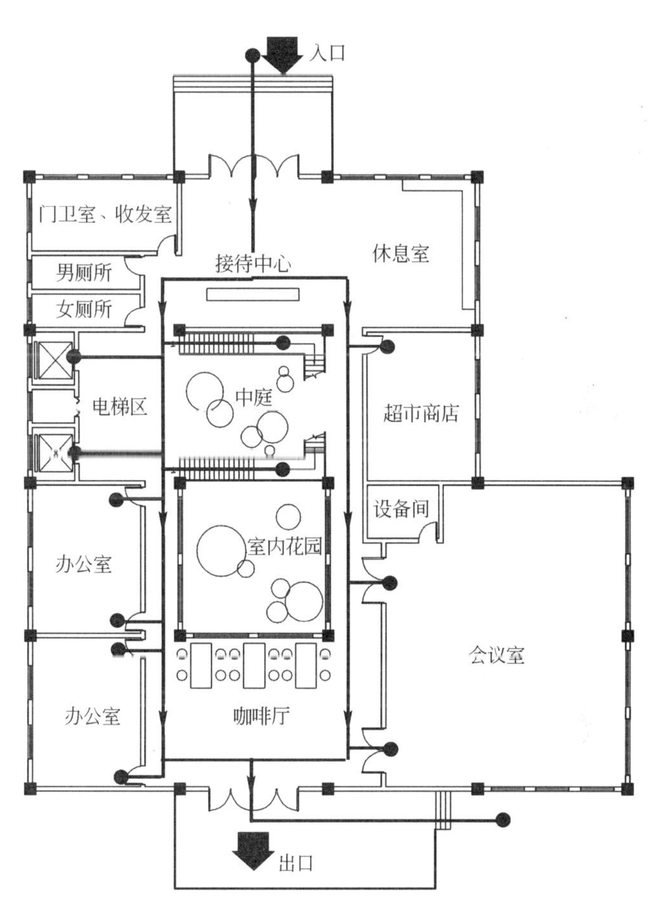

图 1-78　综合楼一层平面

建筑空间的组合可分为垂直纵向组合和水平横向组合。纵向组合主要为各楼层之间的空间组成，通过楼梯、电梯及挑空的中庭联通空间，通过楼板割断空间。横向组合是建筑内部各房间之间通过廊道、门厅等组合，用墙体分割空间，如一幢办公楼的楼层平面内，就会有走廊将各办公室、会议室、盥洗室等不同空间加以组织；横向组合还包含建筑内部空间与外部空间的组合设计，并形成庭院、外廊、平台、入口广场等不同性质的建筑外围空间。建筑物各空间按相互功能关系、结构要求、建筑外

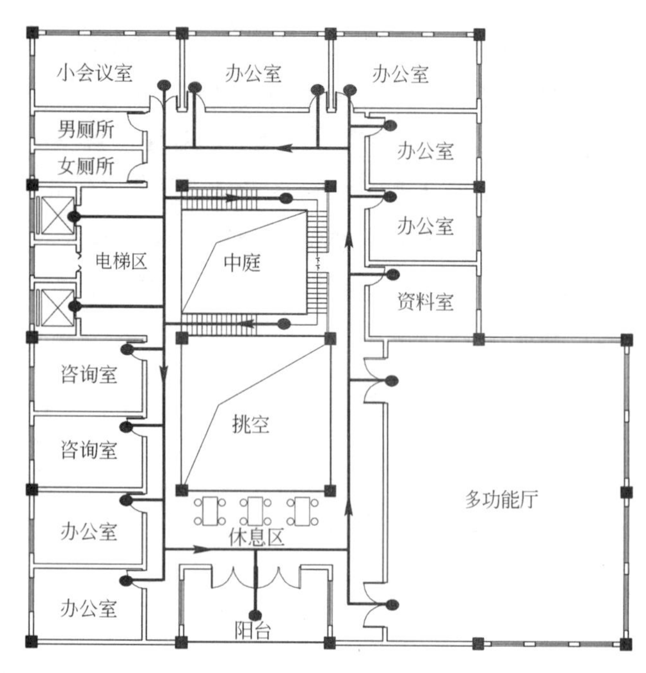

图 1-79　综合楼二层平面

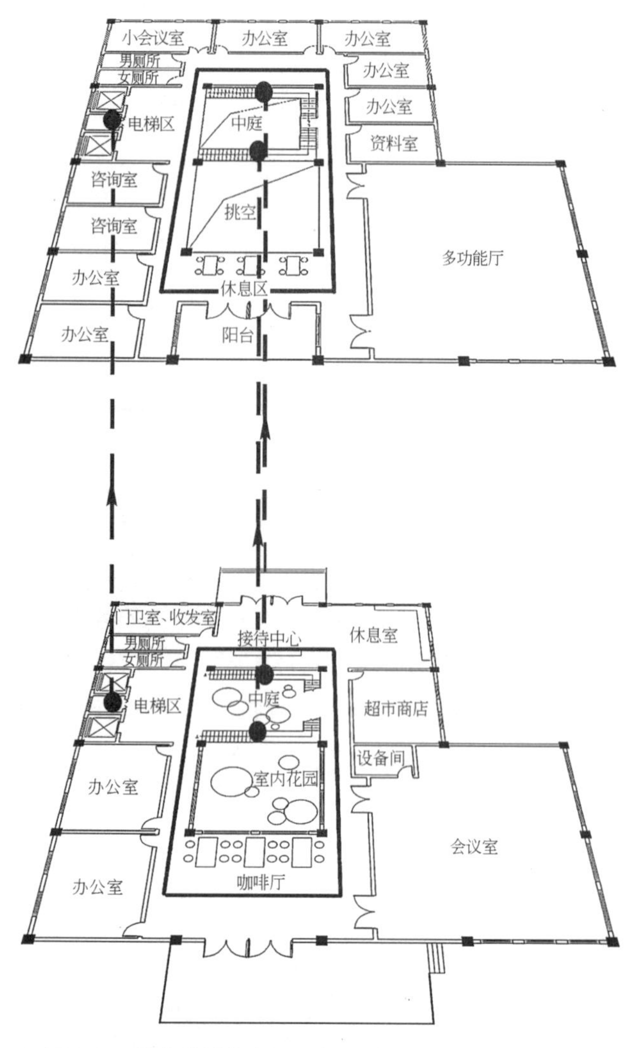

图 1-80　综合楼垂直空间及交通组织

部形态等各因素横向、纵向组合而成——建筑设计的复杂性由此得以显现。

较大的建筑设计项目，往往是对一个建筑群的设计。例如，一所学校，需设计教学楼、实验楼、学生公寓楼、办公楼、运动场地等，建筑设计时将根据学校规模、基地条件、周边环境进行总体规划设计，然后才能进行教学楼等建筑单体的设计。此时，建筑设计的范围不仅局限于建筑内部空间的设计，还应考虑建筑群体的空间关系(图 1-81)。

图 1-81　上海市某学院建筑设计方案模型——校园规划和建筑设计

一般住宅小区建筑及规划设计包括多层住宅、高层住宅、小区景观、小区道路、配套公建、地下车库等多方面设计。除住宅楼建筑单体设计外，日照、通风、绿地率等因素是小区规划设计时必须考虑的(图 1-82)。

图 1-82　住宅小区建筑及规划设计鸟瞰图

城市中心是由多栋办公、商业建筑以一定秩序组合而成，达到一定规模便形成了城市中心。城市中心一般位处城市的核心地块，必须配置相应的广场、绿地，要有良好的交通组织，还要考虑公共活动的空间尺度，建筑群体能形成良好的城市景观（图1-83）。

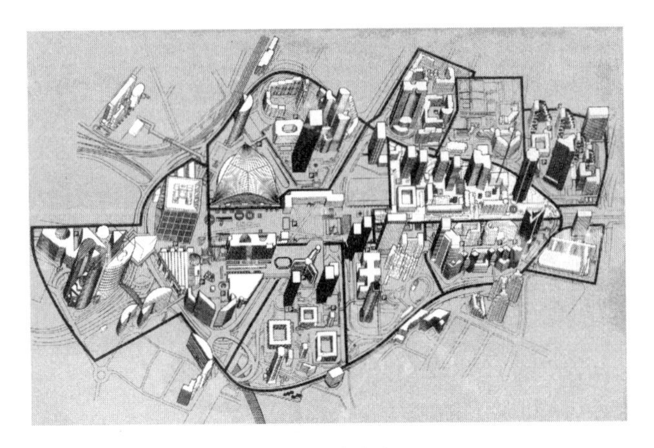

图1-83　巴黎　拉·德方斯城市中心

城市规划（urban planning）研究城市的未来发展、城市的合理布局和综合安排城市各项工程建设，是一定时期内城市发展的蓝图，是城市建设和管理的依据。要建设好城市，必须有一个统一的、科学的城市规划，并严格按照规划来进行建设。城市规划是一项政策性、科学性、区域性和综合性很强的工作。它要预见并合理地确定城市的发展方向、规模和布局，作好环境预测和评价，协调各方面在发展中的关系，统筹安排各项建设，使整个城市的建设和发展，达到技术先进、经济合理、环境优美的综合效果，为城市人民的居住、劳动、学习、交通、休息以及各种社会活动创造良好条件（图1-84）。

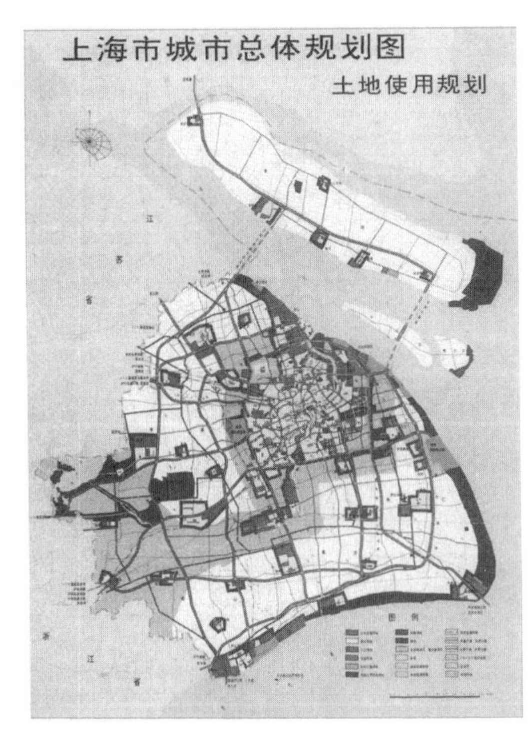

图1-84　城市规划（上海市城市总体规划图）

1.4.2　建筑的物质性

建筑是由砖、石、钢筋混凝土等建筑材料建造，这些元素构成了建筑的基本物质性；其次，建筑占地面积、建筑空间的尺度、建筑物的外在形态，都将以建筑成本或售价的方式体现其价值。所以，建筑的物质性由实质的物质和非实质的设计理念共同构成。相同的建筑材料可以形成平庸或非凡之作，显现出截然不同的物质价值。

一般石块建筑通过简单的力学结构搭建，满足基本的使用功能，缺少细部处理和建筑外观等设计，其物质价值相对较低。而一幢经精心设计的建筑，或由于其独特的建筑魅力，或由于设计师的知名度，会在原有的物质基础上产生可观的附加值（图1-85）。

图1-85　同为住宅，基本的建筑材质、相似的使用功能，因设计提升了建筑的物质价值

建筑的物质性通常展现在以下几方面。

● 适用

建筑的目的是利用其内部空间，适用的基础是空间的形态和尺度满足使用要求。设计中需考虑人的尺度和活动、家具种类和布置、采光通风，以及不同功能的空间组合。

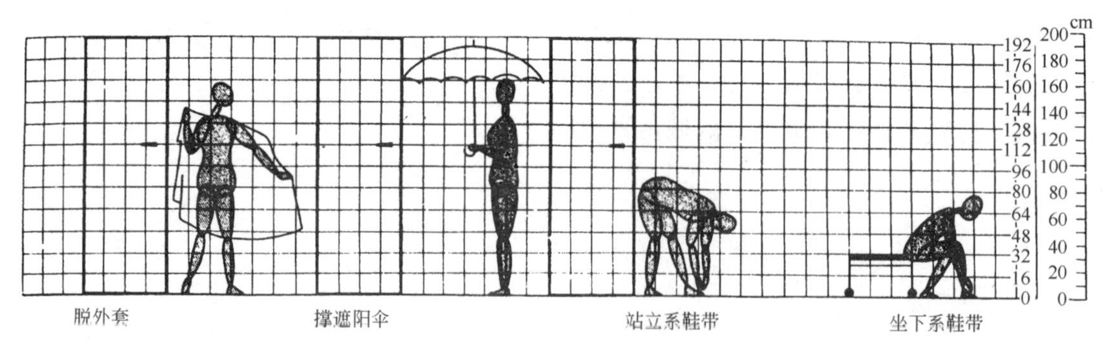

图 1-86　人体尺度

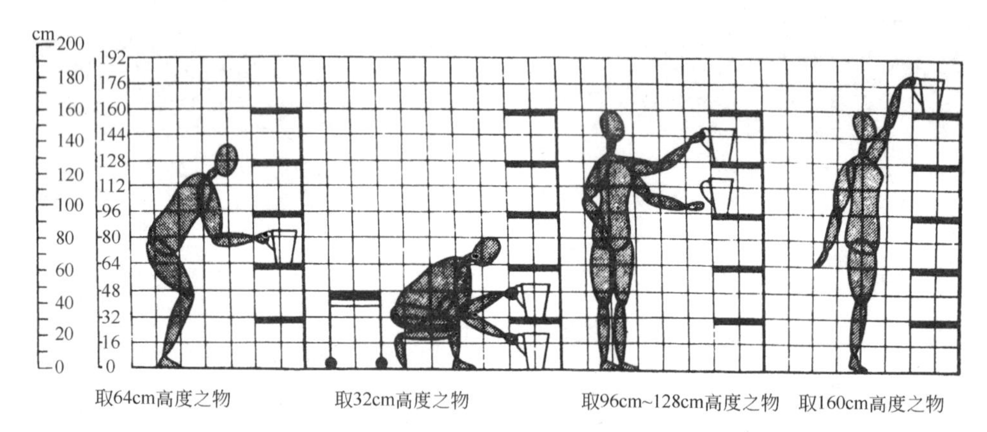

图 1-87　人与家具尺度

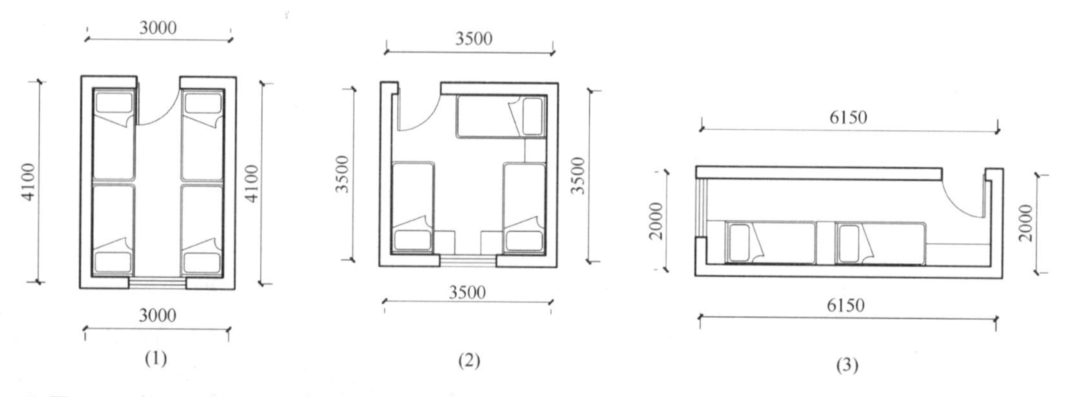

图 1-88　相同面积因平面形状不同影响使用效果

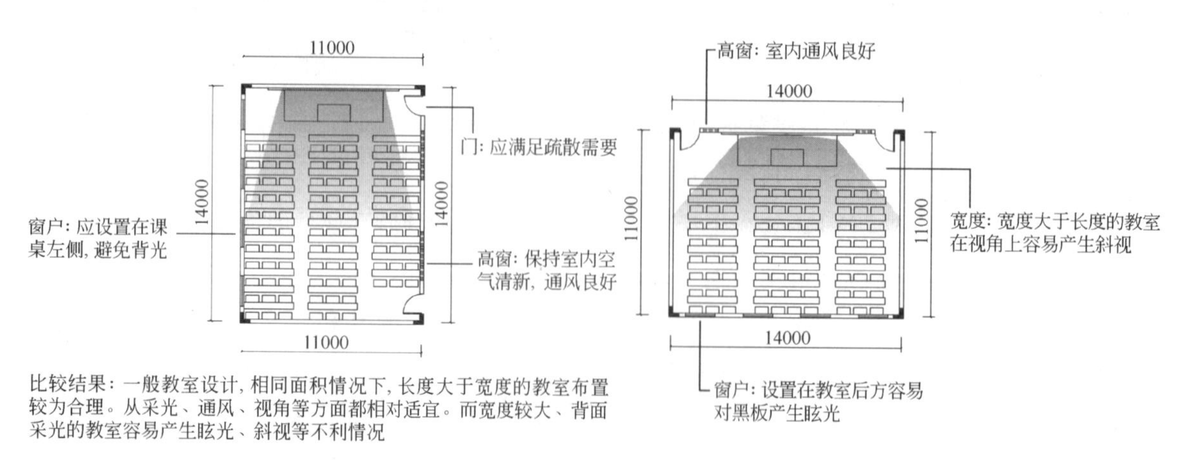

图 1-89　教室平面布局分析

从图1-88分析中可发现，面积相同长宽比不同可导致不同室内空间效应：

(1) 相对合理，家具活动空间较为舒适，采光通风较好(4张床位)。

(2) 正方形空间正中不适合布置家具(3张床位)。

(3) 过于狭长的空间走道占用太多面积，不适宜布置家具，通风采光较差(2张床位)。

● 坚固

建筑的坚固性，是保障建筑物能提供给人们稳定的使用空间，也是决定建筑物使用周期的重要因素，与建筑结构、建筑材料、施工技术等多方因素有关。

如果单从施工技术方面来考虑建筑的坚固问题，预制装配的混凝土建筑施工周期短，适合于建筑工业化的发展，但建筑整体性差，不利抗震；现场浇筑的混凝土建筑，虽然施工及混凝土养护周期长，但建筑物的坚固性得以保障；近几十年来，现代施工还研发了预制装配整体式的技术，即大量的构件工厂预制，现场装配时在构件的搭接处作整体化处理，这种技术提高了施工进度又能保证建筑的整体性，在高层钢框架建筑中得到广泛应用。当然，钢材的使用又会就建筑的防火对建筑设计、施工技术、建筑材料处理提出新的要求(图1-90、图1-91)。

图1-90 现场浇筑钢筋混凝土A字形建筑，无论其受力性能还是其视觉感受，都具有稳定、坚固性

图1-91 预制装配整体式的钢框架建筑，轻盈、现代、坚固

● 美观

建筑的美观主要体现在其外立面的设计，是展现建筑物质价值的重要部分。建筑整体形态和色彩等都能传达设计理念，带给人们不同的审美感受，从而产生感性呼应。当然，当代建筑师在追求建筑美观的同时，绝对不能忽略其内部使用功能(图1-92～图1-94)。

图1-92 文艺复兴时期的建筑，以精美的雕像来增加建筑的美感

● 图 1-93　现代建筑风格将设计的元素、色彩、材料简化到最少的程度，设计含蓄，往往能达到以少胜多、以简胜繁的效果。这反映出现代人类在日趋繁忙的生活中，渴望得到一种放松、简洁和纯净的空间来调节转换心情，是一种追求简单和自然的审美观

● 图 1-94　当今的建筑强调个性美，迪拜这组由 4 座从 54 层到 97 层高度不等的大厦构成的建筑群，汇集在一起构成一座舞蹈般的雕塑形象，看上去像是烛火在闪动

● 经济

建筑中的经济因素是关系到建筑能否被实现的关键。在项目立项前需进行投资分析，包括资金、建设周期及项目完成后的市场预测。立项后就容积率、建筑面积、建筑功能、建筑材料、建筑造价对建筑设计提出明确要求，以保证投资方和使用者的利益。建筑设计方案除完成基本的设计图纸及模型、效果图外，还要有相当篇幅的经济指标分析，以及设计概、预算，确保项目建设费用控制在投资额度内。

就建筑单体设计而言，建筑的层数、交通面积的比例，均直接影响到建筑的经济效益。如，高层住宅因电梯、消防楼梯、设备管道井等设施导致公用建筑面积增大，每个住户单元承摊的面积也较多，相对于多层住宅，购得同等建筑面积的住房，高层建筑住户的实际得房率就较低；但是在城市用地日趋紧张的当今，高层建筑能在有限的、昂贵的土地资源上建得更多的建筑面积，总体经济效益仍然较高。

注：容积率＝地上总建筑面积/基地面积，是建筑设计及住宅小区规划设计中的一个重要指标；一般项目所在地的规划管理部门会根据地块所处区域、用地性质（住宅用地、商业用地、企业用地）加以限定，开发商和设计师必须按照所规定的容积率进行开发、设计。

1.4.3　建筑的文化性

建筑文化是人类建筑活动的积累，建筑的文化性表现出强烈的民族性、地域性和历史性。但是，当今社会信息传播快捷，交通运输方便，建筑的地域特性逐渐减弱，所以，如何在建筑设计中传承建筑文化、体现建筑的地方特色，是建筑师、建筑理论研究者以及建筑管理部门共同的责任。

● 民族性

建筑的民族性大多出于社会因素，与人们的生活习俗、宗教信仰、社会经济和技术水平有关，所以，游牧民族会发展易于拆卸、搭建的蒙古包；中国建于明清时期、现为联合国世界文化遗产的福建的客家土楼，则是有利于客居的族群聚族而居，抵御外敌；而北京的四合院，受封建宗法礼教和京城规整城市格局支配，也为有效御寒并营造安静的居住环境，南北纵轴线对称、方正地布置房屋、院落，由清灰色砖墙砌筑房屋和封闭的院墙，整体显得有序、厚实且含蓄。

蒙古包是蒙古等游牧民族传统的住房。古称穹庐，又称毡帐、帐幕、毡包等。蒙古语称格儿，满语为蒙古包或蒙古博。游牧民族为适应游牧生活而创造的这种居所，易于拆装，便于游牧(图 1-95)。

图 1-95　蒙古包

● 地域性

建筑的地域性大多出于自然因素，因建筑所在地的地形、地貌、气候及当地所具备的建筑材料，会使建筑具有明显的地域特征。就中国传统民居而言，地处中原的河南、陕西等黄土地区的民居，由于干燥、松软的土壤方便开挖，简便易行，自然就发展了靠崖式、地坑式等窑洞住宅形式。

窑洞是黄土高原的产物，陕北农民的象征。窑洞一般修在朝南的山坡上，向阳，背靠山，面朝开阔地带，少有树木遮挡，十分适宜居住生活。一院窑洞一般修 3 孔或 5 孔，中窑为正窑，有的分前后窑，有的 1 进 3 开，从外面看 4 孔要各开门户，走到里面可以发现它们有隧道式小门互通，顶部呈半圆形，这样窑洞就会空间增大。窑壁一般用石灰涂抹，显得白晃晃的，干爽亮堂。由于自然环境、地貌特征和地方风土的影响，窑洞 形成各种形式，但从建筑布局、结构形式上可归纳为靠崖式、下沉式和独立式三种形式(图 1-96)。

● 历史性

建筑物使用年限的悠长，经济、技术、文化涉及面的广泛，使其成为具有时间性质的文化载体，相对全面地反映出历史进程中社会各方面的发展。在城市化进程加快的今天，建筑更是城市发展的见证，是珍贵的历史遗产(图 1-97)。

图 1-96　窑洞

图 1-97　上海的里弄住宅建筑和现代高层商务办公建筑，见证着城市的历史

1.4.4　建筑的技术性

随着时代的发展，建筑在技术方面的要求也愈加复杂。设计作品的成功与否与建筑结构、建筑材料、建筑施工、建筑设备等方面有密切的关系，技术的更新使建筑设计如虎添翼，同时，建筑设计的大胆想象也加快了建筑技术的进步。

● 建筑结构

建筑的结构是建筑的骨架，是建筑的承重体系。承重结构从材料上一般可分为木结构、砖石结构、砖混结构、钢筋混凝土结构等，随着建筑高度的增高，为减轻建筑自重、减少结构面积、加快施工速度，钢结构技术更多地被运用进来。而对于体育场馆、影剧院等大跨度建筑，建筑结构形式也从早期的梁柱结构、拱型结构发展为悬索、网架、壳体等空间结构体系，建筑形体也随结构形式的创新而更丰富。

● 建筑材料

建筑材料包含承重材料和装饰材料。从原始的原生材料土、石、木发展到砖瓦、混凝土、钢材、钢筋混凝土、玻璃等人工材料，然后是铝合金、不锈钢、彩色压型钢板等轻型外挂金属复合板材，而北京奥运会水立方游泳馆外表面采用的 ETFE 膜材料(乙烯-四氟乙烯共聚物)是一种轻质新型高分子材料，具有有效的热学性能和透光性，是现代大跨度建筑外墙材料的趋势。新型建筑材料强化了传统建筑材料的防火、绝热、防水、隔声等功能，有更高的研发、生产、施工技术要求，对建筑师而言，也需十分关注、积极探索新材料的运用，以期创造出更新颖的、合理的、安全的建筑空间，使建筑在适应时代潮流的同时，能够更加和谐地融合于自然。为社会的可持续发展，现阶段建筑材料更注重低能耗材料、可降解材料的开发。

主题构思：城市与乡村的互动；参观流线设计成由内至外、由下至上的缆车观景过程；展馆是一个开放的空间，最外部展示了瑞士面向未来、具前瞻性和可持续发展理念的外墙材质：主要由大豆纤维制成的红色幕帷，能天然降解(图 1-98)。

图 1-98　2010 年上海世博会瑞士馆方案

● 建筑施工

建筑施工是建筑生成过程中一道重要工序，其质量的好坏根本性地决定了建筑的优劣。如今的施工条件也从原来的人力搬运、搭建发展到机械操作，更安全、更准确地保证了建筑的安全。建筑施工包括施工组织与施工技术两大部分。施工组织研究人力、物力、施工周期、施工场地的安排，使工程建设安全、按期、高质量、经济地完成。施工技术从地基至屋面包括以下各方面：

基础工程施工：基坑开挖、土石运输、基坑填筑，对高层建筑的施工，还需根据设计，实施打桩、浇筑地下连续墙等深基础工程。

砌筑工程：搭建脚手架，将砖、石、砌块用砌筑砂浆作为胶结材料，砌筑成各类承重墙、填充墙。

钢筋工程：钢筋工程属于隐蔽工程，浇筑混凝土前必须进行检查验收。钢筋在现场加工包括调直、切断、弯曲、布筋、绑扎或焊接等多项工序。

模板工程：模板是使混凝土能浇筑成建筑设计形状的支板，常规模板可在混凝土凝固后拆卸重装周转使用，特殊形状的模板需定制。模板按材料分有木模板、钢模板、钢木模板等，按施工方式分有拆装式(常规方式)、移动式(施工难度大)和固定式，固定式是浇筑混凝土后不再拆除模板，在钢结构建筑中，模板和面层上的混凝土组合成复合楼板。

混凝土工程：包括混凝土制备、运输、浇筑捣实、养护等施工过程。在我国，从建筑造价、建筑防火、建筑承重等多方因素考虑，混凝土仍是最常用的建筑材料，所以混凝土工程也是建筑设计比较关注的一部分，如建筑外墙为清水混凝土，则更需注意模板的材质、尺度、拼缝及混凝土浇筑过程中的密实性。

结构安装工程：在施工现场布置起重设备，将预制完成的构件吊装到位。高层建筑的构件需用塔吊吊装，大跨度建筑的屋顶结构构件还可采用千斤顶装置整体顶升。预制安装的施工方式可加快施工进度。

防水工程：包括地下防水、室内防水、外墙防水和屋顶防水工程。建筑施工图设计时要进行防水构造的详图设计。

装饰工程：包括外墙面、门窗、抹灰、吊顶等工程；一般外墙面的设计由建筑设计负责，内部的装饰可由室内设计负责。

● 建筑设备

建筑设备涵盖了暖通、电气、给排水等各工种内容。其中，给排水工程主要包括与水有关的工作，如清洁水的供给、污水废水和雨水的排放、中水利用、消防用水供给等。电气工程主要是电力供给，即把城市电网来电处理成为民用电压，通常照明电压220V、动力电压380V，供至各个用电设备、照明灯具等；电气工程还包括自动控制、网络、电信电话等弱电工程。暖通工程包括空气的制冷和加热、新鲜空气补给和废气、烟气排放等(图1-99～图1-101)。

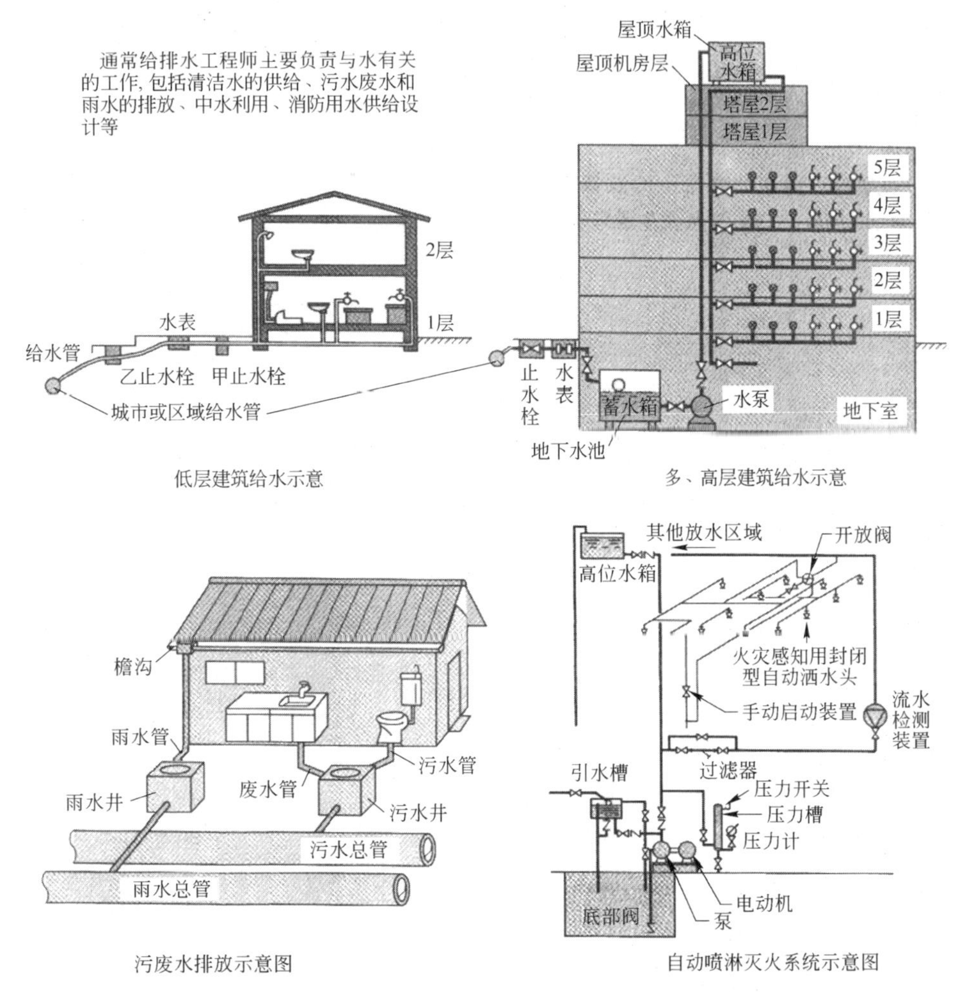

图1-99 给排水工程

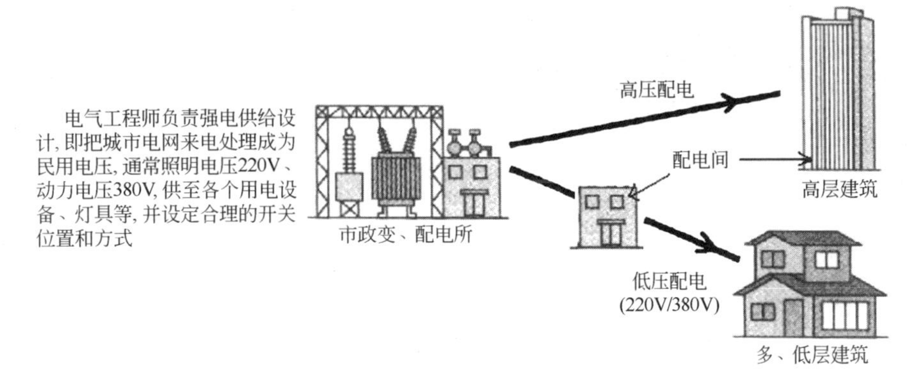

图1-100 电气工程

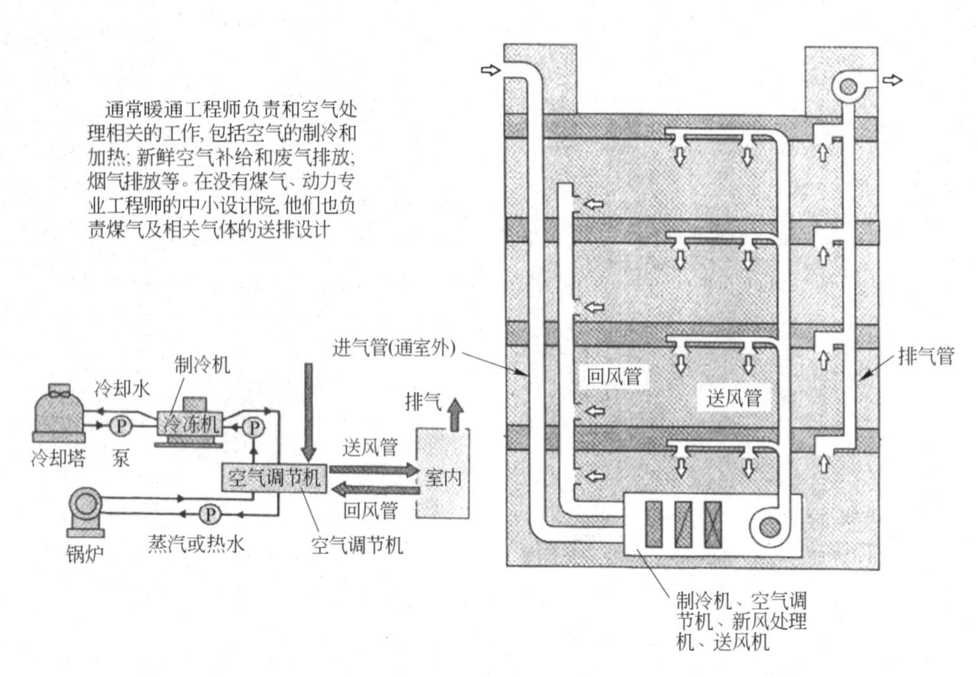

图 1-101　暖通工程

● 建筑节能

在建筑设计中考虑环境保护、降低能耗、可持续发展，均属于建筑节能的范畴。建筑设计中节能方式主要有自然通风采光、墙体及屋面保温隔热，与建筑技术各专业共同探讨太阳能利用、水循环利用、地下冷热源利用、能源错峰利用、建筑材料再生利用等技术(图 1-102)。

图 1-102　节能生态楼

在建筑节能上，北京奥运会“水立方”国家游泳中心的设计有独到之处，屋面使雨水的收集率达到 100%；另外，游泳中心消耗掉的水将有 80%收集并循环使用，这样可以减弱对于供水的依赖和减少污水排放量；空调系统对废热进行回收；在光的利用上，由于“水立方”采用了 ETFE 膜材料和相应的技术，使得场馆白天都能够利用自然光，能节约大量的电力资源。

1.4.5　建筑的艺术性

建筑艺术归属于实用美术之范畴。在满足基本功能的前提下，建筑还能以其外在形式传递出宏伟、华贵、亲切、朴素、动感、现代等抽象的、美学的感受，而且建筑物在区域和空间中的大体量也使其艺术感染力比任何雕塑、绘画作品更加强烈。

除建筑主体的艺术特性外，建筑还是雕塑、壁画等各类艺术形式的载体，如建筑周边的广场景观设计，建筑内、外墙的雕塑、壁画设计，建筑室内配饰，以及新兴的数码成像艺术…… 各种艺术的综合，使建筑的艺术表现主题更为鲜明。

建筑艺术的设计手法通常通过形体、材质、色彩、技术、文脉及细部比例把握等方面实现。

● 形体

毕尔巴鄂古根海姆博物馆在 1997 年正式落成启用，它是西班牙工业城市毕尔巴鄂(Bilbao)整个都市更新计划中的一环。整个结构体是由美国建筑师盖里(Frank O. Gehry)借助一套 v 空气动力学使用的电脑软件逐步设计而成。博物馆在建材方面使用玻璃、钢和石灰岩，部分表面还包覆钛金属，与该市长久以来的造船业传统遥相呼应。博物馆的形体灵动，像花瓣一般伸展；博物馆占地24000m²，陈列的空间则有11000m²，分成19个展示厅，其中一间还是全世界最大的艺廊之一，面积为130m×30m。这项文化名胜已经吸引许多人前来毕尔巴鄂参观，参观人数逐年递增，每年参观人数从26万人增加到100万人。博物馆活化了当地的经济(图1-103)。

图1-103　毕尔巴鄂古根海姆博物馆

● 色彩

水务大厦位于西班牙巴塞罗那市，2004年建成。

大厦为双表皮外立面，内层由多种色彩的铝板组成，外层则是可开启的玻璃百叶，既能通风隔热，又能表现出巴塞罗那这个城市的地中海风情。这栋外形像子弹的焕彩大楼，为巴塞罗那这建筑艺术之都增添了前卫的气息(图1-104)。

图1-104　水务大厦

● 材质

日本爱知世博会波兰馆的外墙材质别具匠心，传统工匠在预制的钢框上现场编制藤条外墙板，手工工艺与现代钢框架结构形成对比，材质的柔硬形成对比，让建筑更具自然感，较好地突显2005世博会的主题：自然的睿智(图1-105)。

图1-105　日本爱知世博会波兰馆

● 技术

1977年建成的蓬皮杜艺术与文化中心包括图书馆、美术馆、工业美术中心等项内容，位于巴黎老市区街道旁。英国建筑师罗杰斯与意大利建筑师皮亚诺打破常规，将这座艺术与文化建筑设计成化工厂房的模样。6层楼的全钢结构主体，电梯、电缆、上下水管、通风管道都悬挂在外立面上，将内部做成宽敞的无阻拦的大空间，内部布置可灵活多变，是高技派建筑的先驱(图1-106)。

图1-106　蓬皮杜艺术与文化中心

● 文脉

鲁迅先生纪念馆位于上海虹口公园内。纪念馆的设计平面采取院落布局方式，外墙则是灰瓦、粉墙、毛石勒脚、马头山墙，简洁、朴实，明朗、雅致，具有绍兴地方民居的风格，有明显的江南建筑文脉(图 1-107)。

● 图 1-107　鲁迅纪念馆外景

● 浮雕

浮雕是雕塑与绘画结合的产物，用压缩的、透视的方法来表现三维空间，只供一面或两面观看。浮雕一般是附着在另一平面上，如用具器物的面层，但由于建筑的体量大，表现力强，所以在建筑上使用更多，而且可适用于多种环境的装饰。近年来，浮雕在城市环境美化中占了越来越重要的地位，主题、形式和材质日渐丰富。建筑浮雕的常用材料有石材、木材和金属等(图 1-108、图 1-109)。

● 图 1-108　利用工业废料完成的现代主题浮雕

● 建筑外围雕塑

建筑外围雕塑主要服务于建筑物本身，与建筑物有一定的关联性。其形式可以是浮雕或雕塑，与建筑形成一个整体景观。对于不同性质的建筑物设计有不同的雕塑主题和布置方式；一般常见于大型建筑、历史性建筑、特殊建筑等(图 1-110)。

● 图 1-109　浮雕使建筑外立面更丰富

● 图 1-110　建筑外围塑雕

● 主题广场雕塑

主题广场雕塑主要是坐落在城市各类性质的广场之中，配合广场的休闲景观设置，同时体现广场主题(图 1-111)。

● 图 1-111　跌落式喷泉广场雕塑

● 城市雕塑

城市雕塑，位于城市公共场所和道路两侧，在高楼林立、道路纵横的城市中，起到缓解因建筑物集中而带来的拥挤、压抑和呆板、单一的现象，有时也可在空旷的场地上起到增加平衡的作用。它主要是用于城市的装饰和美化。由于它的出现而使城市的景观丰富，提升城市居民的精神享受。因此，城市雕塑的建立是非常严肃和慎重的，一般需要由行政部门如市政厅或国家政府下令，由其下属的有关美术或雕塑的组织具体负责筹划、实施，通过招标或专门邀请某位或某几位雕塑家进行创作完成(图 1-112)。

图 1-112 城市雕塑

● 壁画

作为建筑艺术的一部分，它的装饰和美化功能极大地提高了建筑空间的艺术性。壁画是人类历史上最早的绘画形式之一(图 1-113)。

图 1-113 欧洲宫廷顶棚壁画

● 挂画

以绘制、印刷或其他手段在纸面上制作的画，可以配框挂在建筑室内墙面上作为装饰，是改善室内环境、增加建筑艺术氛围的最简单的方法(图 1-114)。

图 1-114 咖啡馆内挂画

● 数码成像

用计算机等多媒体作为辅助工具与传统艺术手段、艺术表现手法相结合，衍生了数码成像这门新兴艺术，是一项艺术灵活性比较高的艺术表现手段，让原本略显平淡的室内空间立刻生动活泼(图 1-115)。

图 1-115 地铁数码成像候车站

思考题

1. 建筑物由哪些基本构件组成？简述它们的作用。
2. 建筑物如何分类？
3. 从美学角度分析一幢建筑的艺术特色。

第 2 章　建筑学专业——学习建筑

2.1　建筑学专业的培养目标

建筑学专业培养目标：通过对建筑设计基本技能的训练和理论讲授，培养德、智、体、美全面发展，具有坚实理论基础、良好艺术修养和较强设计与表现能力，并富有创新精神的高级建筑设计人才。

建筑学是一门工程技术与艺术相结合的学科，同时又是实践性很强的专业，学生除参加理论学习外，还有多种实践性教学环节，如美术写生、建筑认识实习、建筑测绘、毕业设计调研等，并在高年级学习阶段安排有较长时间的建筑设计公司实践训练。

建筑师不仅要知道怎样画一条线，而且要知道为何和何时需要画这条线。建筑设计行业需要设计师兼备以下才能：具备艺术家的审美眼界，能鉴赏并表达美学观点；具备工程师的学识，能将数学、力学、物理等广泛的学科知识融合于建筑整体设计之中；具备良好的语言和沟通才能，能有效地表达设计理念；具备管理者的组织能力，能协调结构、设备、施工等各个工种的要求。

建筑师的这些基本素质要求，反映了建筑学这门学科的多元化倾向。建筑师同时也是艺术家、工程师、制图员、社会学家、经理、会计师、历史学家、思想家、哲学家、冒险家等，以各种角色施展才华。为此，在建筑学专业的教学过程中，会注意对学生自信、激情、坚韧、合作、和蔼、细腻等重要个性的培养。在这个充满竞争和批评的专业中，没有自信，缺乏坚韧，即使有一定的美学和艺术天赋，也还是远远不够的。但是，一个相对平凡的建筑师，假如他有极强的综合能力(几种个性的组合，尤其具备较强的领导能力、自信和魅力)，他也能做得很出色。这样的综合能力比艺术天赋对建筑师职业道路的发展具有更大的影响。

建筑学专业学生毕业后可到城镇规划部门、建筑设计及咨询公司、建筑工程公司、建筑管理部门、房地产开发投资公司等单位从事城镇规划、各类公共建筑设计、住宅与居住区规划设计、风景旅游区规划设计、古建筑保护、园林设计及室内设计等工作，也可从事有关科研、教学和管理工作。

2.2　主干课程的设置及要求

2.2.1　基础课程

- 建筑概论

是建筑学专业的专业基础课程，由认识建筑、追溯建筑着手，介绍建筑的基本组成、建筑的发展和建筑学专业的学科特色与主要研究方向，让学生了解专业、热爱专业，并通过评析建筑大师的设计作品，学习建筑设计的基本方式。

- 素描、色彩、速写等美术课程

美术课程是建筑学专业的专业基础课，目的在于培养学生的设计想象和表达能力，同时提高艺术的审美观，增加艺术修养。素描课程主要学习结构素描和明暗素描的技能，培养形体把握能力；色彩课在讲述色彩学原理的基础上，进行单色、色彩的静物和建筑风景写生，以期提高建筑设计的表现力。

几何素描

教学目的：学习把握基本的几何形态，认识、表现建筑的基本元素——几何体(图 2-1)。

图 2-1　几何素描

结构素描

教学目的：结构素描是在几何素描的基础上观察、考量物体的结构和联系，进而更为全面地表达物体的组合关系(图 2-2)。

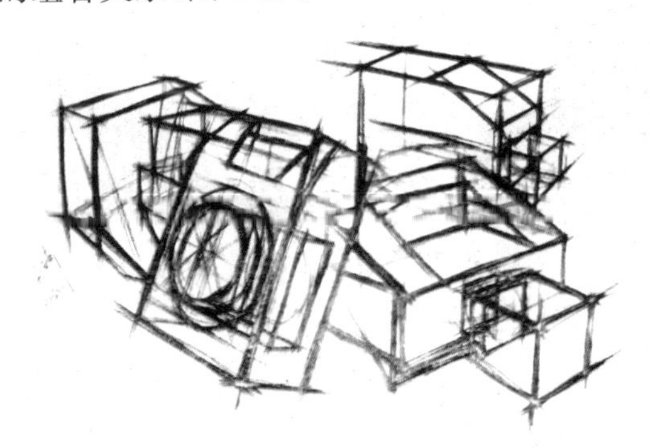

图 2-2　结构素描

建筑构件写生

教学目的：建筑构件的实物写生是在几何素描和结构素描基本掌握的基础上，逐步将美术与建筑结合。通过对建筑构件中结构和几何关系的写实，加强对建筑整体和细部的想象力及表现力(图 2-3)。

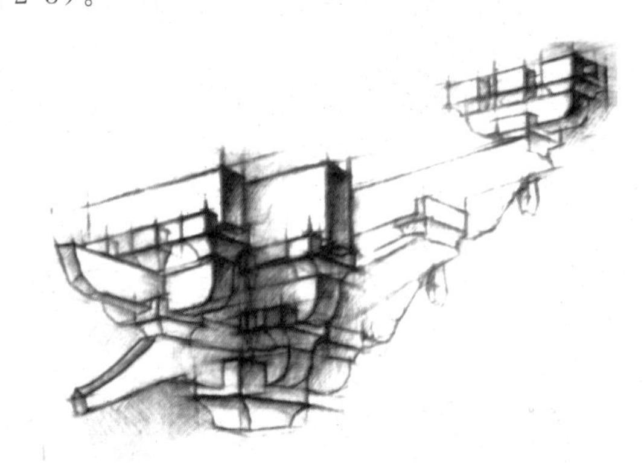

图 2-3　建筑构件写生

建筑钢笔写生

教学目的：建筑钢笔写生是对建筑物的理解和快速表达的过程。运用素描关系和简单的线条来勾勒建筑物的形态、空间和细部，为建筑设计前期的重要表达能力——设计草图的能力打基础(图 2-4)。

图 2-4　建筑钢笔写生

色彩静物

教学目的：色彩静物是在黑白灰色系的素描关系上学习色彩理论和掌握色彩关系(图 2-5)。

色彩写生

教学目的：色彩写生将建筑速写和色彩表达相结合，用色彩的变化表达建筑物之间的光影效果，使建筑速写更为直观、生动、真实(图 2-6)。

- 构成课程

是建筑学专业的专业基础课程，通常由平面构成、色彩构成和立体构成三个单元组成。学生通过将点、线、面、色块等构成要素的重复、渐变、旋转、辐射，学习造型的基本方法；而立体构成则更强调空间的组织、穿插、围合以及体块的形态组合，是学习建筑设计过程中由平面想象向空间组合过渡的重要步骤。

图 2-5　色彩静物

图 2-6　色彩写生

教学目的：建筑初步形态构成一，主要对学生在材料表示、构成可能、构成形式、空间形态等方面加以训练(图 2-7)。

教学目的：建筑初步形态构成二，是在基本空间组成的基础上，深化对空间结构的理解，课题有一定的结构分析和选型设计，且组合形式复杂，制作技能要求高，使学生对建筑空间的理解逐渐深化(图 2-8)。

● 设计初步、建筑制图课程

这是建筑学专业的专业基础课程，学习使用绘图工具准确绘制建筑的平面、立面、剖面，学习字体、建筑配景的表达，学习用色彩渲染来表现建筑的光影和明暗，学习建筑手绘表现图的各种方式；并通过测绘或剖析建筑实例，感受建筑的空间。课程中涉及大量建筑绘画的练习，延伸和巩固了美术课程、构成课程对造型、美感的培养，线形的准确运用和图面的精细绘制为今后建筑设计课程的学习打下良好基础，并能培养学生耐心、细致、务实的专业素养。

图 2-7　建筑初步形态构成一(基础空间组成/九宫格空间组成)

图 2-8　建筑初步形态构成二(桥非桥构建组合设计)

线形练习

教学目的：线形练习旨在让学生掌握基本的建筑绘图线条，为之后的平面表达打下基础(图 2-9)。

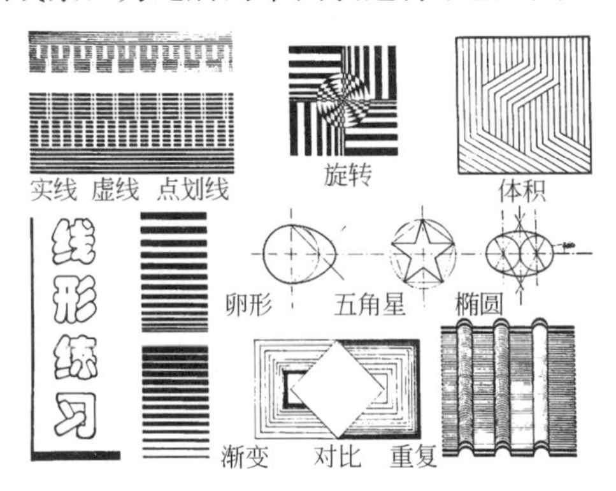

图 2-9　线形练习

图 2-10　建筑淡彩渲染

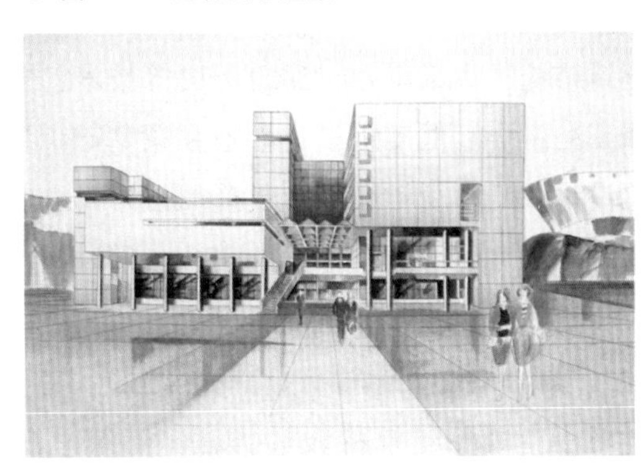

图 2-11　建筑表现图练习

建筑淡彩练习

教学目的：通过线条和简单的色彩，比较精确地描绘建筑；与色彩写生不同的是其自由度、写意成分较少，更注重建筑比例、装饰、细部刻画等。

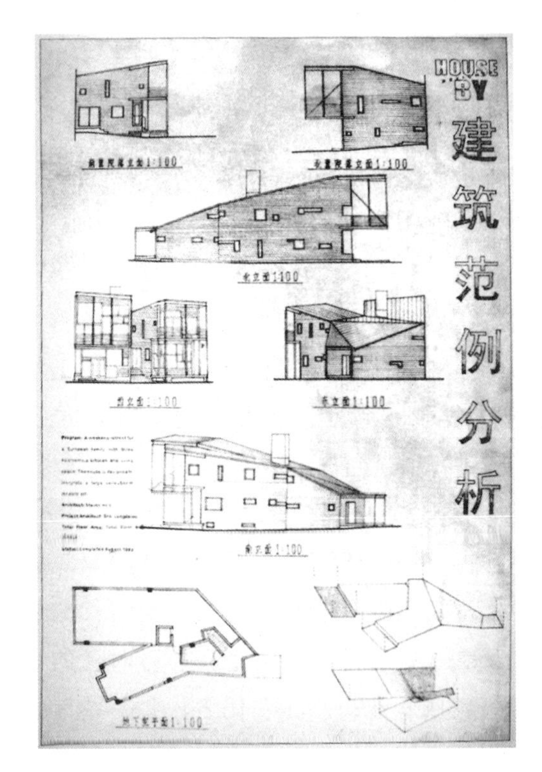

图 2-12　建筑范例分析

图 2-13　通过模型还原、解析建筑范例

大师作品描摹

教学目的：建筑模型制作，需学生收集、整合大师名作的建筑平面、立面、剖面、实景图片等相关信息，并将建筑实体还原，目的在于培养学生对图纸的理解以及空间的想象能力；大师作品描摹，主要巩固线条、字体、建筑作图等制图基础，同时深入了解大师作品的内涵。

2.2.2　史论课程

● 中国建筑史

主要从古代建筑、近代建筑、现代建筑三个篇章讲述中国建筑发展的梗概，每个部分还重点对城市建设与各种类型的建筑作分章论述，使学生对中国建筑的概貌、特征、基本类型、构架方式有所了解。

● 外国建筑史

包含古代外国建筑史、近现代外国建筑史和建筑评论课程，主要讲授从古代埃及至当代的外国建筑历史与文化，着重分析各地区、各时代的建筑特色、建筑实例、建筑理论、代表人物、城市建设等方面的成就，使学生对世界建筑的发展历史和趋势有全方位的认识和把握。

● 中国传统民居

课程主要介绍我国传统建筑中的重要组成部分——中国传统民居，它与广大人民生活、生产息息相关，它设计灵活、功能合理、构造经济、外观朴实，并密切结合自然环境，具有浓厚的民族特色和地方风格，是我国传统建筑中的宝贵遗产。通过课程学习，使学生对传统与文化结合下的建筑产物有比较详细的认识。

2.2.3　技术课程

● 建筑构造、建筑力学、建筑结构、建筑材料、建筑施工

建筑构造课程着重分析、讲授大量性民用建筑、高层建筑及大跨度建筑的基础、墙、柱、楼板、楼梯等构件组成，各构件的设计要求；建筑力学、建筑结构课程分析建筑结构的受力特性，研究各类建筑的结构形式；建筑材料、建筑施工课程介绍各类砖、石、混凝土、钢材等建筑材料的特性，以及施工组织、施工技术、施工机械方面的知识。以上各门课程均是保证建筑设计合理、可行、安全、坚固的基础。

● 建筑设备

讲授建筑配电、给水排水、建筑采暖制冷等方面的技术和理论，以便在建筑设计的过程中更好地与有关设备工种协调。

● 建筑物理

讲授建筑声学、建筑光学、建筑热工方面的技术，注重生态建筑技术的探讨。

● 建筑经济、建筑法规

建筑经济课程关注建筑的投资和回报，属于建筑设计前期的研究；建筑法规课程则介绍现行的建筑法规和城市规划法律，培养学生建筑设计过程中的法律意识，并能熟练掌握常用的建筑法规条款，使建筑设计合理合法。

2.2.4　设计课程

● 建筑设计

这是建筑学专业的专业主干课程。通过对独立式小住宅、幼儿园、博物馆、高层建筑及大跨度建筑等若干由小至大、不同类型建筑的方案设计，培养学生学习和掌握建筑设计的一般步骤和方法，注重空间使用的合理性、空间组合的独创性、空间表达的完整性，侧重于建筑构思和建筑表现的培养，并在持续的设计训练过程中，逐渐将设计理念与建筑构造、建筑结构、建筑设备、建筑历史等技术、史论课程的知识相融合。低年级设计作业强调基础训练，鼓励手绘设计图纸；高年级作业逐渐加强计算机辅助设计的比重，这有利于复杂空间的表达，同时也有利于与工作实践的衔接(图 2-14～图 2-30)。

建筑设计一(小别墅设计)

学习小型居住建筑的设计方法，熟练掌握建筑制图基本方式，能较完整地表达设计理念与方案。

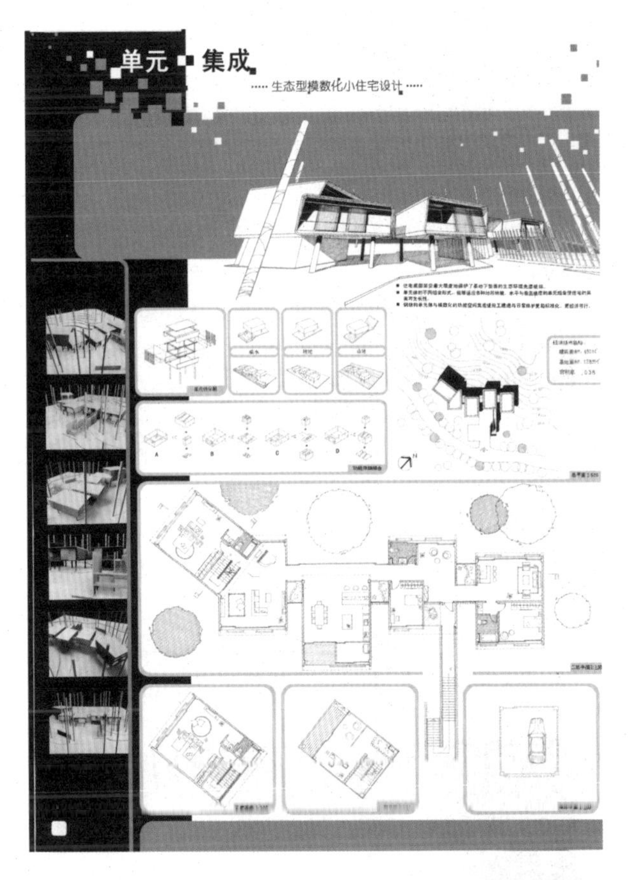

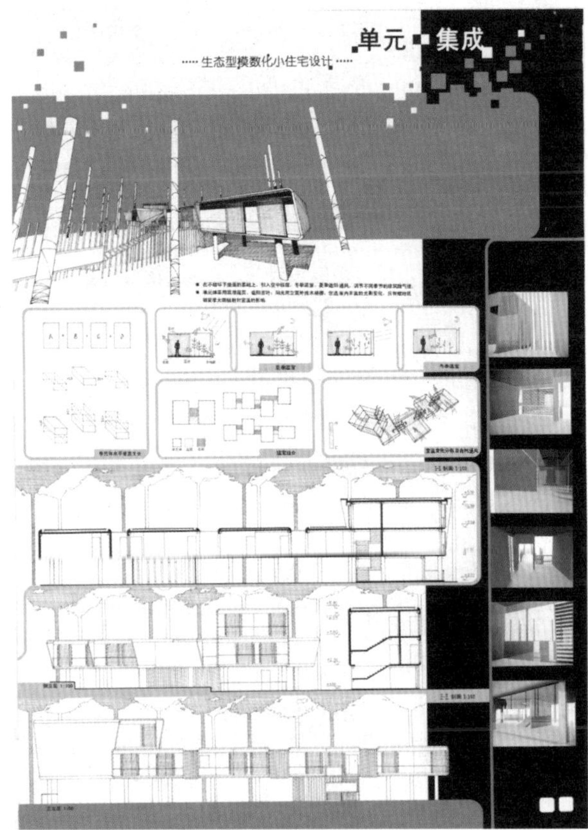

● 图 2-14、图 2-15　建筑设计一(小别墅设计)
注：设计者　上海大学　建筑系　姚以倩

○　设计内容

1）面积：300～500m² 独立式的二层至三层住宅

2）功能：2～3 个卧室(其中主卧独立卫生间)

1～2 个客卧、佣人房

2～3 个卫生间

2 个厨房(中西分开)

交通联系 15%～20%

○　图纸要求

1）841mm×594mm(A1)1～2 张

2）手绘表达

○　图纸内容

总平面图(1∶200)、各层平面图(1∶100)、立面图(1∶100)、剖面图(1∶100)、透视图、建筑模型、设计说明、技术经济指标

○　设计进度(8～10 周)

构思、草图、绘制正图、成果展示

建筑设计二(幼儿园设计)

学习公共建筑造型方式，分析托、幼建筑所特有的单元式空间组合及表达，注重环境及空间设计。

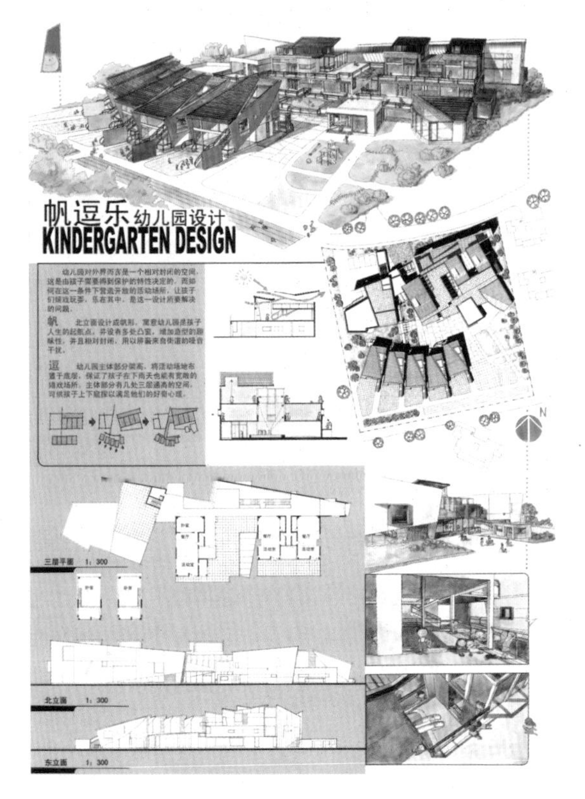

● 图 2-16　建筑设计二之一(幼儿园设计)
注：设计者　上海大学　建筑系　费肖夫

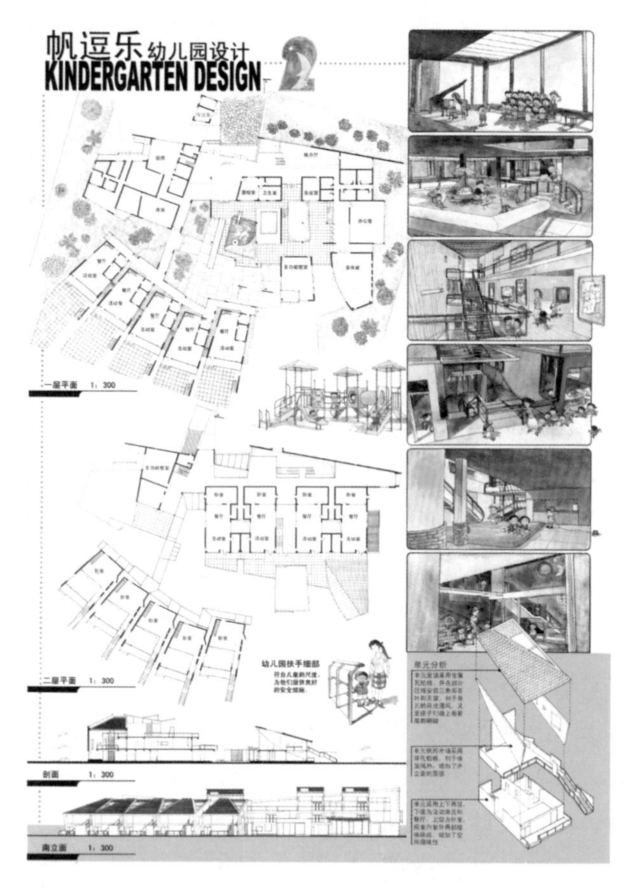

● 图 2-17　建筑设计二之二(幼儿园设计)
注：设计者　上海大学　建筑系　费肖夫

○　设计内容

1）面积：1500～1800m² 二层(以 6 个班为例)

2）功能：班级教学单元

活动室 55～65m²

卧室 40～45m²

衣帽储藏 5～10m²

卫生间 10～15m²

辅助用房

办公室、晨检、医务室、值班室、厨房等 200m²

教育用房

音乐室等 100～120m²

交通

门厅、廊道 20%～25%

○　图纸要求

1）841mm×594mm(A1)2 张

2）手绘表达

○　图纸内容

总平面图(1：500)；各层平面图(1：200)；立面图(1：200)；剖面图(1：200)；透视图(>A4)；设计说明；技术经济指标

○　设计进度(8～10 周)

构思、草图、绘制正图、展示

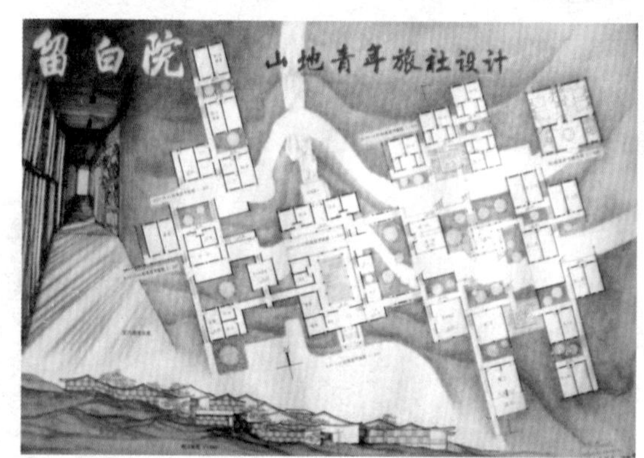

● 图 2-18、图 2-19　建筑设计三(山地旅馆设计)
注：设计者　上海大学　建筑系　苏圣亮

建筑设计三(山地旅馆设计)

学习旅馆类建筑的设计，并考虑山地坡度对建筑空间组合的影响，充分将自然环境与建筑空间相融合。

○　设计内容

1）面积：2000～2500m²

2）功能：客房\配套服务\娱乐休憩\交通联系

○　图纸要求

1）841mm×594mm(A1)2 幅

2）手绘表达

○　图纸内容

总平面图(1：500)、各层平面图(1：200)、各立面图(1：200)、剖面图(1：200)、透视图(>A2)、

设计说明、技术经济指标、功能分析图

○　设计进度(8～10 周)

构思、草图设计、绘制正图、成果展示

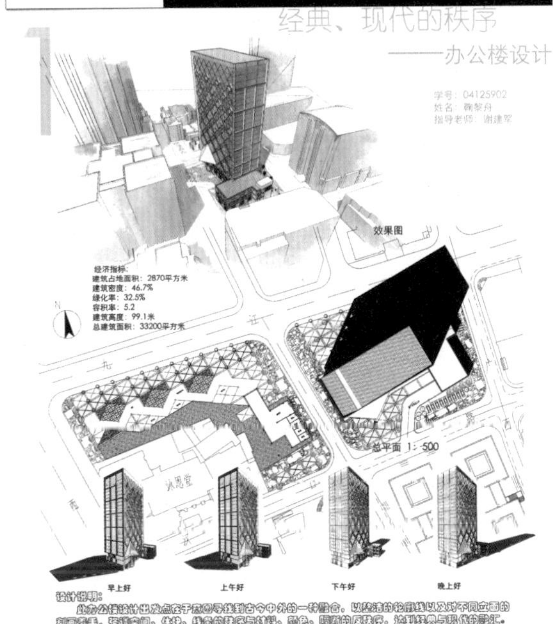

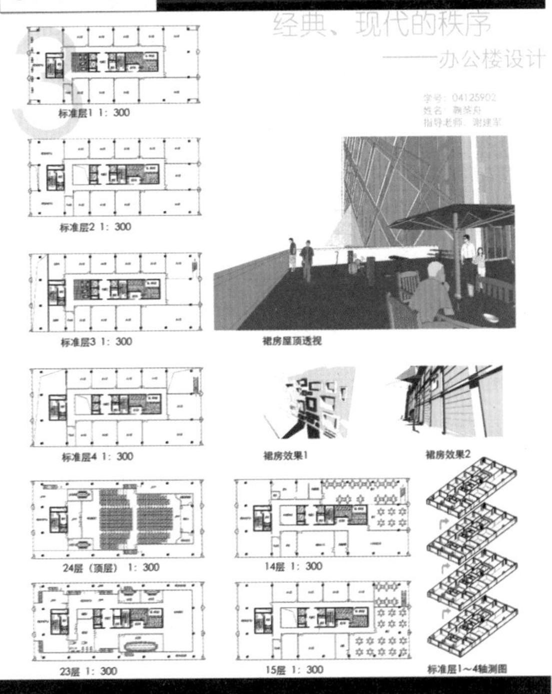

● 图 2-20、图 2-21　建筑设计四(综合楼设计)

注：设计者　上海大学　建筑系　鞠黎舟

建筑设计四(综合楼设计)

学习多功能的公共建筑的分析设计，学会结合环境考虑建筑，客观地把握建筑设计的地区性和功能性，学习高层建筑的结构选型、防火规范、城市规划等有关理论。

○　设计内容

1）面积：10000～15000m²

2）功能：办公用房 5000～6000m²

辅助用房 500m²

商业配套设施 3000～4000m²

其他 2000～2500m²

○　图纸要求

1）841mm×594mm(A1)4 幅

2）可电脑出图

○　图纸内容

总平面图(1∶500)、各层平面图(1∶300)、立面图(1∶300)、剖面图(1∶300)、透视图(>A2)、设计说明；技术经济指标；分析图

○　设计进度(8～10 周)

调研、构思、设计、成果展示

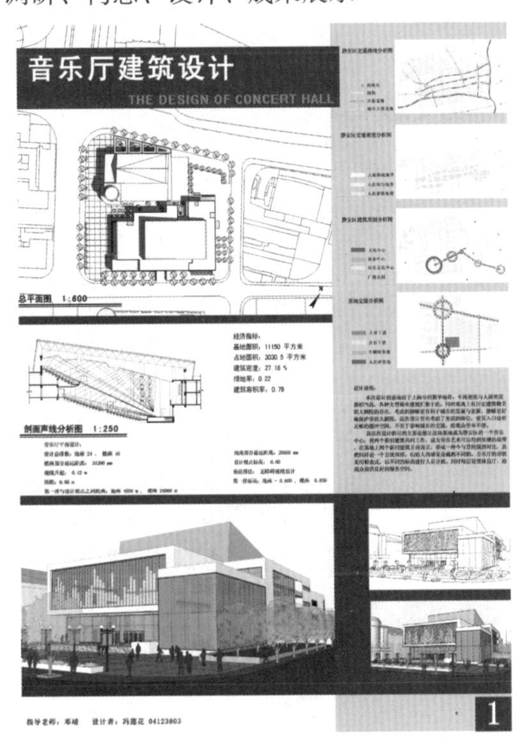

● 图 2-22　建筑设计五之一(大空间建筑设计)

注：设计者　上海大学　建筑系　冯莲花

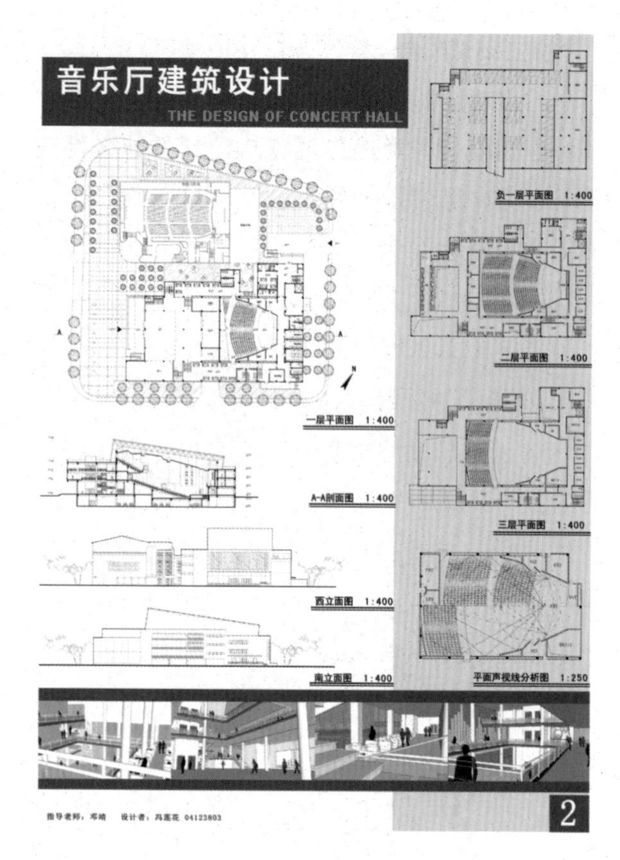

● 图 2-23　建筑设计五之二(大空间建筑设计)
注：设计者　上海大学　建筑系　冯莲花

建筑设计五(大空间建筑设计)

学习观演类大跨度空间的空间组合、流线组织、结构选型、防火疏散等设计理论和方法，学习建筑外部广场的交通和景观设计。

○ 设计内容

1) 面积：5000m²

2) 功能：音乐厅，商业配套

○ 图纸要求

1) 841mm×594mm(A1)4 张

2) 可电脑出图

○ 图纸内容

总平面图(1∶500)；各层平面图(1∶300)；立面图(1∶300)；剖面图(1∶300)；透视图(>A2)；设计说明；技术经济指标；流线、功能分析图

○ 设计进度(8～10 周)

调研、构思、绘图、电脑建模、成果展示

建筑设计六(快题设计)

○ 设计要求

学习在较短时间内对建筑方案的思考、设计和表达，通过快速手绘的形式表达设计。

○ 图纸要求

1) 841×594(A1)1～2 张

2) 手绘

○ 图纸内容

总平面图、各层平面图、立面图、剖面图、透视图、设计说明、技术经济指标、分析图

○ 设计进度(3～6 小时)

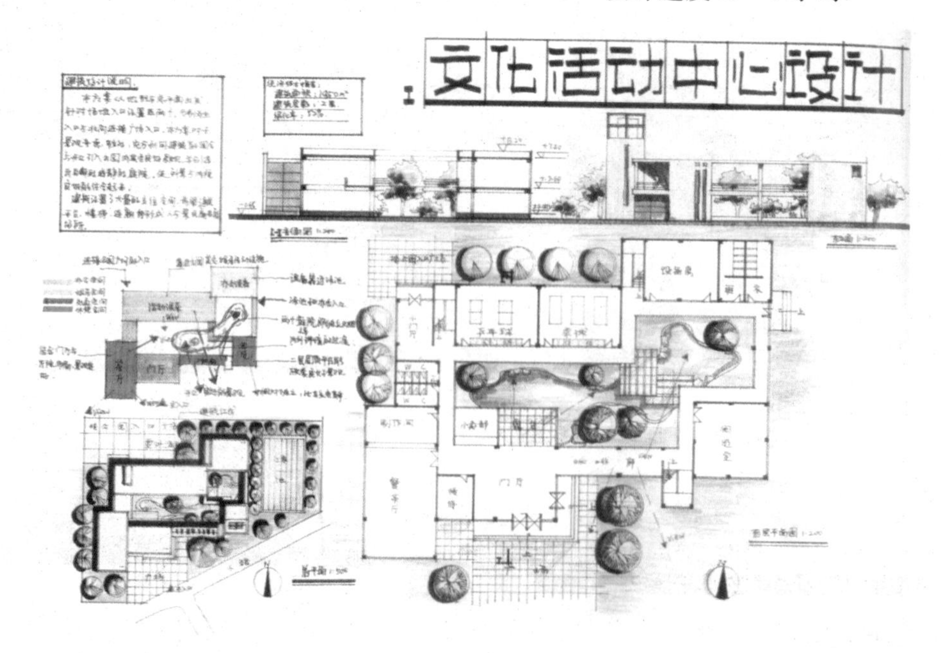

● 图 2-24　建筑设计六之一(快题设计)

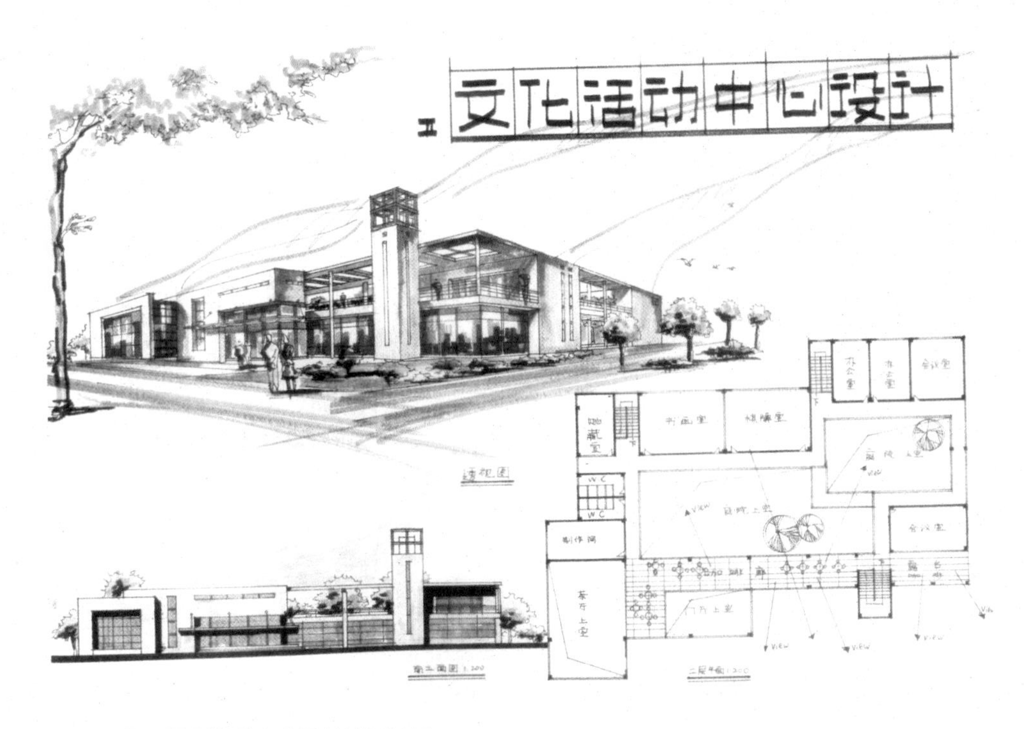

图 2-25　建筑设计六之二(快题设计)

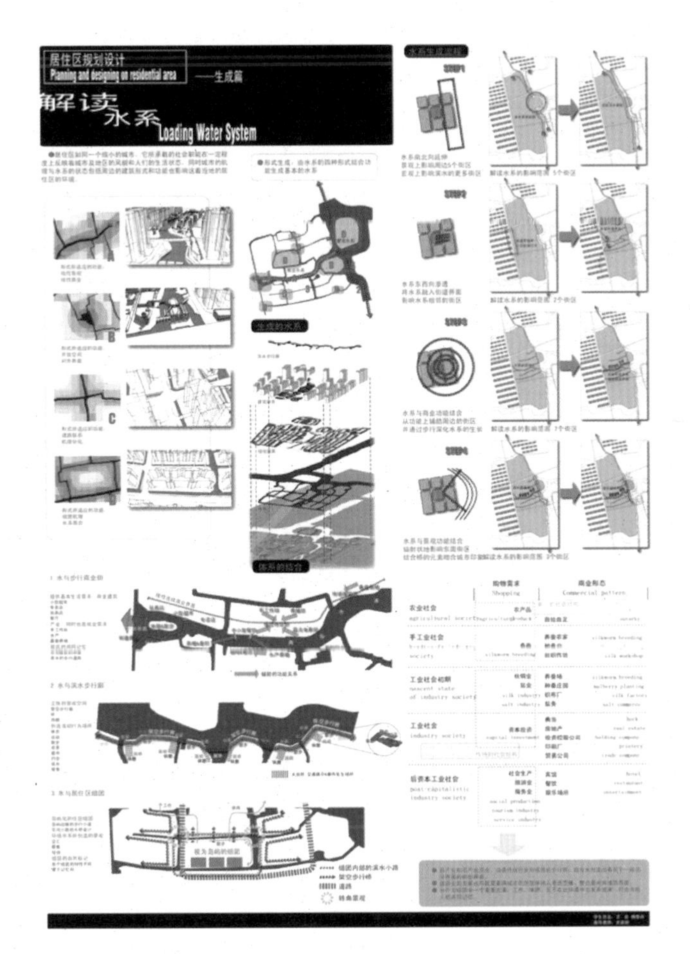

图 2-26　建筑设计七之一(居住区规划设计)
注：设计者　上海大学　建筑系　王臣

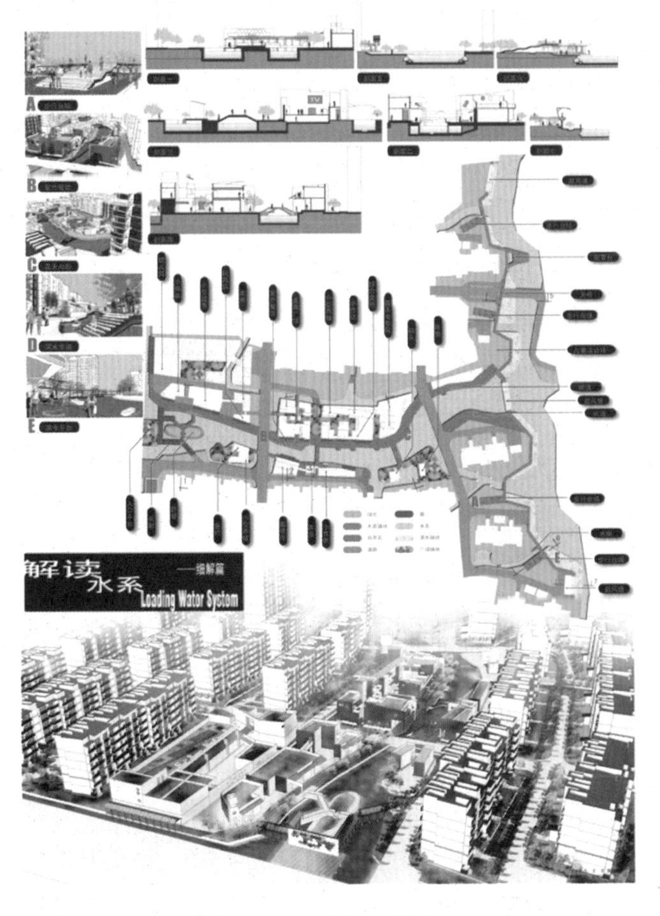

图 2-27　建筑设计七之二(居住区规划设计)
注：设计者　上海大学　建筑系　王臣

建筑设计七(居住区规划设计)

学习规划的要点，学会合理布局。妥善组织交通流线，人车分流。设计适宜人居生活的住宅小区。住宅区规划是建筑学专业的专业课程，是建筑设计的宏观拓展；通过分析用地环境的文化、交通、日照、风向等人文、自然条件，结合满足容积率、绿化率、建筑限高等城市规划条律的限定，对特定区域内居住或公共建筑进行总体规划设计和单体建筑设计，从交通组织、空间形态、建筑体量、城市景观等诸方面区域建筑与城市或周边环境相融合。

○　设计内容

1）面积：另定

2）功能：多层住宅

　　　　高层住宅

　　　　公共设施

　　　　交通布局

　　　　停车设置

○　图纸要求

1）841mm×594mm(A1)4张

2）可电脑出图

○　图纸内容

总平面图(1∶500～1∶1000)，各户型平面图(1∶200～1∶300)，剖面图(1∶200～1∶300)，透视图(＞A2)，设计说明，技术经济指标，交通、日照、景观分析图

○　设计进度(8～10周)

调研、构思、深化、建模、版面制作、成果展示

●　室内设计

室内设计是建筑学专业的专业课程，是建筑设计的微观深化，通过对建筑室内空间的空间整合、家具布置、墙地面色彩及材质选配、照明设计、细部和陈设设计，创造更舒适、更实用、更美观并富有特色的室内空间。通过本课程的学习，还能加深学生对建筑整体设计和建筑空间创造的理解和把握。

通过平面布局、主墙面设计、效果图渲染来展现公共空间的室内效果。从材质、色彩、装饰细部、照明方式等方面综合设计。

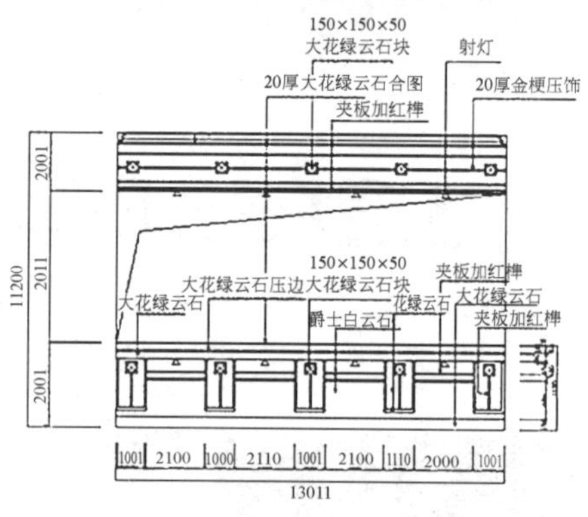

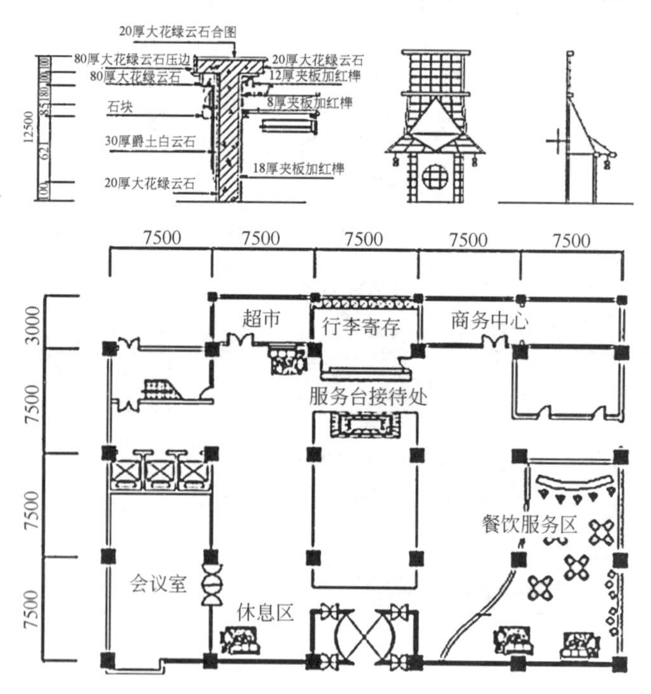

● 图2-28、图2-29　公共空间大厅设计

注：设计者　上海大学　建筑系　尤洋

建筑室内墙面设计，更为细致地刻画室内每一面墙体的材质、色彩、肌理、尺度；注重室内装饰风格与建筑外部整体风格的统一协调。

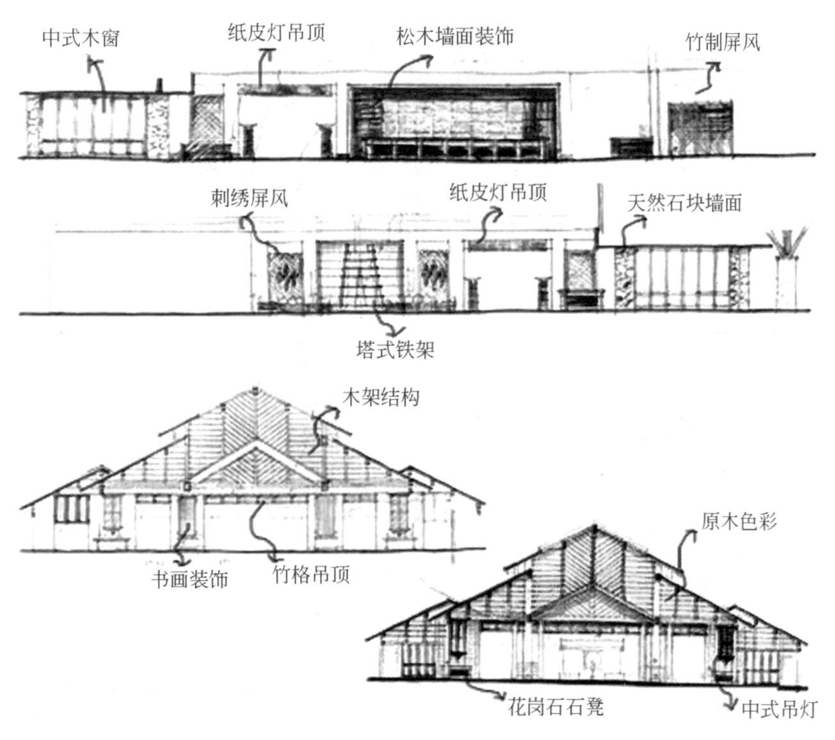

图 2-30　室内剖立面设计

图 2-31～图 2-33　建筑外部景观设计
注：设计者　上海大学　建筑系　尤洋

● 园林景观设计

这是建筑学专业的专业课程，是建筑设计过程中对建筑外部空间环境的深化，通常包括广场、中心绿地、园林及亭台楼阁、廊架等建筑小品的设计；学习绿化配置、材质选配、空间分割、尺度把握、细部和总体表达等景观设计理念。

● 毕业设计

着重培养和提高学生的综合能力，包括社会调查、文献资料收集、理论分析研究、文字组织表达、分工合作及最终设计成果展示和答辩，是专业学习的深化和升华。毕业设计的选题和成果均需满足综合性、可行性、创造性的要求。设计除了能很好地解决功能、技术、设备、细部构造、空间艺术造型等问题，还需完整、系统地演绎某些设计理念和理论(图 2-34～图 2-37)。

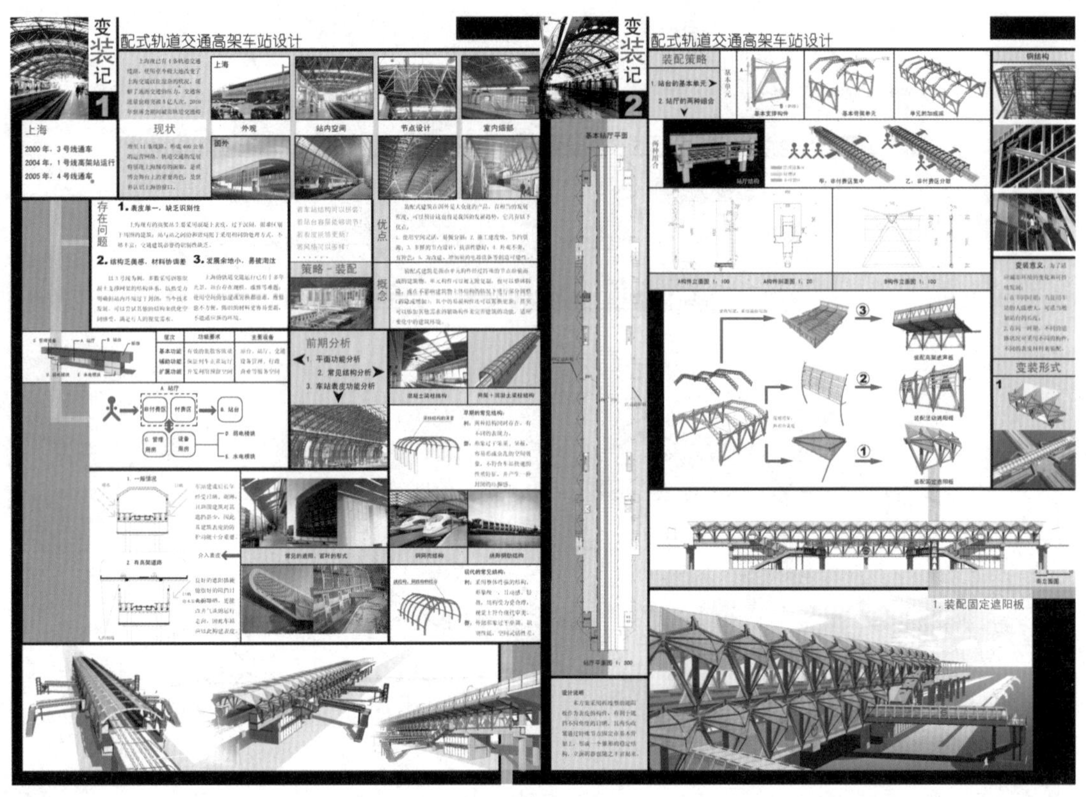

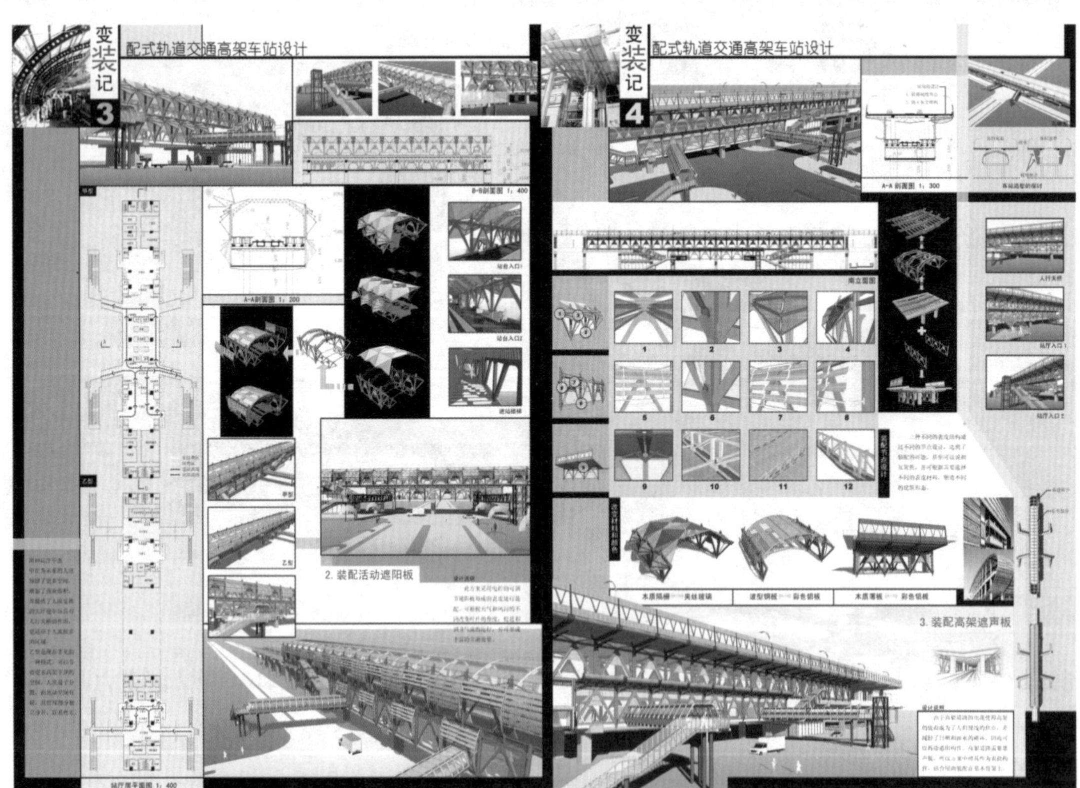

● 图 2-34、图 2-35　城市轨道车站设计　毕业设计　上海大学　建筑系　戴颖君

设计要求：

对上海市轨道交通站方案设计提出可行性概念设计。

该方案设计特点：

选用轻钢、玻璃等易于装配的新型材料，设计成装配式构件，灵活组装，形成统一而又有独立风格的系列轨道交通站台。

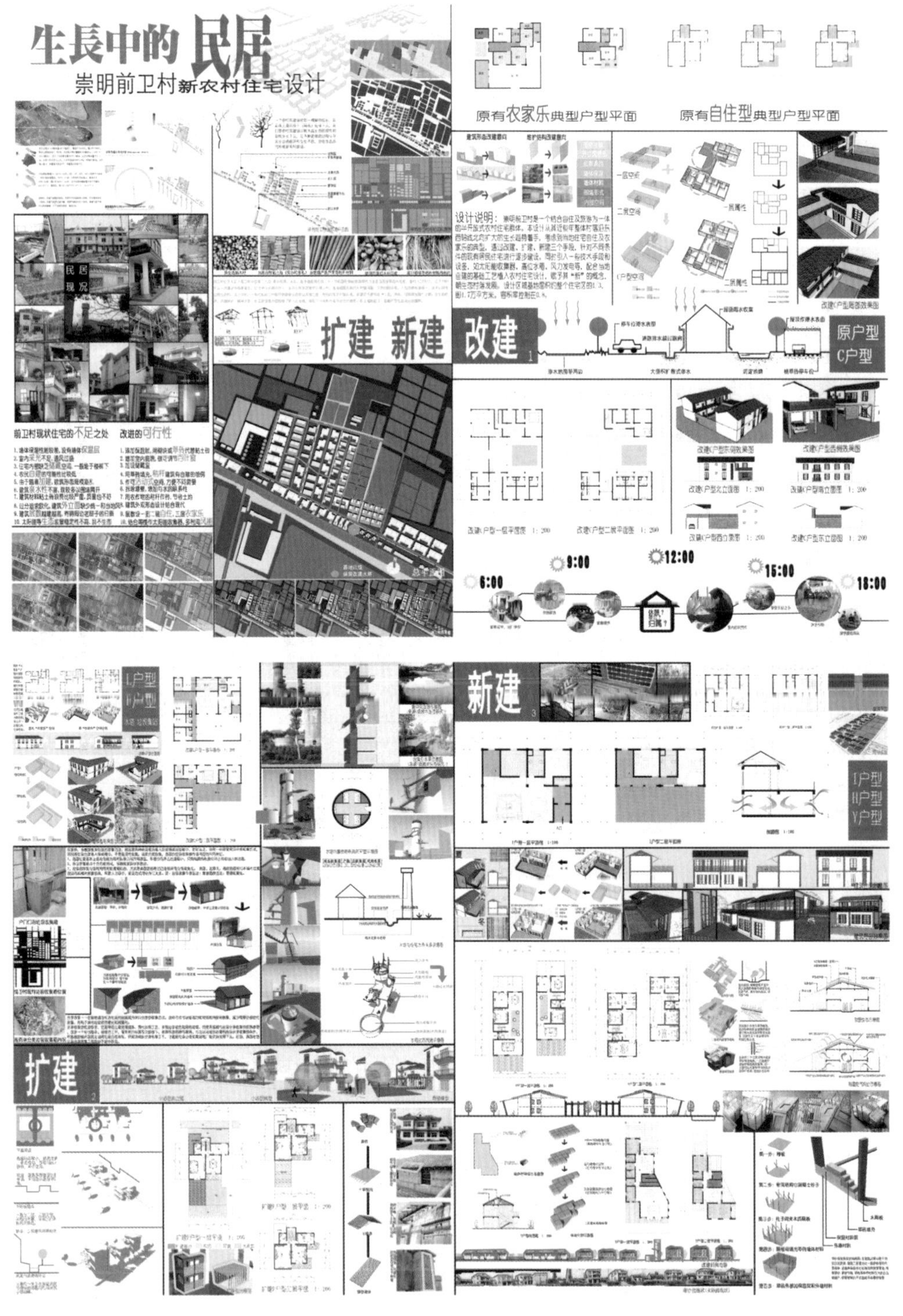

● 图 2-36、图 2-37　新农村住宅设计　毕业设计　上海大学　建筑系　朱丽莎　钱运帆

设计要求：

对上海市崇明区前卫村进行生态化的新农村住宅设计。

该方案设计特点：

利用当地的地理条件和地域材料，包括风能、太阳能、木材、秸秆等，融合一些可行性的生态技术手段，在保持原有农村住宅生活形式不变的情况下，逐步植入生态技术，改善农村住宅，以循环的不断更新的手段来规划整个村落的设计。同时，就村落的一些配套辅助建筑进行设计，使之成为辅助生活的功能用房。整个村落通过设计形成一个生态的系统。

2.2.5 计算机辅助设计类课程及软件

● 建筑 CAD 软件

建筑 CAD 是当今世界上最优秀的三维建筑设计软件。建筑师大量运用其绘制建筑的平面、立面和剖面图。建筑 CAD 内置的 PLOTMAKER 图档编辑软件使出图过程与图档管理的自动化水平大大提高，应用这个软件技术，建筑师能够有更多的时间和精力专注于设计本身，创造出更多的设计精品（图 2-38）。

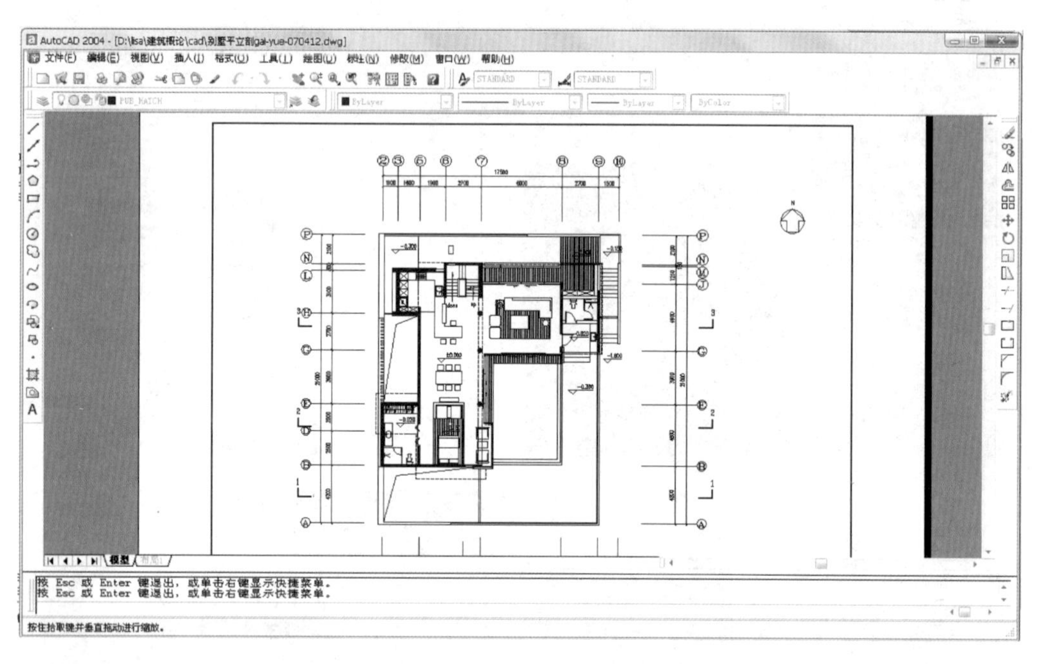

图 2-38

● 天正建筑 CAD 软件

天正建筑 CAD 软件 TArch 是国内最早在 AutoCAD 平台上开发的商品化建筑 CAD 软件之一，目前已具相当规模。目前的天正软件已发展成为涵盖建筑设计、装修设计和暖通空调、给水排水、建筑电气与建筑结构等多项专业设计的系列软件，并针对日新月异的房地产发展提供了房产面积计算软件等（图 2-39）。

天正首先提出了分布式工具集的建筑 CAD 软件思路，彻底摒弃流程式的工作方式，为用户提供了一系列独立的、智能高效的绘图工具。由于天正采用了由较小的专业绘图工具命令所组成的工具集，所以使用起来非常灵活、可靠，而且在软件运行中不对 AutoCAD 命令的使用功能加以限制，反而去弥补 AutoCAD 软件不足的部分。天正软件的主要作用就是使 AutoCAD 由通用绘图软件变成了专业化的建筑 CAD 软件。

● Sketchup 软件

Sketchup 软件是一套运用灵活的建筑草模设计软件，它给建筑师带来边构思边表现的体验，打破了对建筑师设计思想表现的束缚，快速形成建筑草图，创作建筑方案。Sketchup 被建筑师称为最优秀的建筑草图工具，是建筑创作上的一大革命（图 2-40）。

Sketchup 是相当简便易学的强大工具，一些不熟悉电脑的建筑师可以很快地掌握它，它融合了铅笔画的优美与自然笔触，可以迅速地建构、显示、编辑三维建筑模型，同时可以导出透视图、DWG 或 DXF 格式的 2D 向量文件等尺寸正确的平面图形。

这是一套注重设计摸索过程的软件，世界上所有具规模的建筑工程企业或大学几乎都已采用。建筑师在方案创作中使用 CAD 繁重的工作量可以被 Sketchup 的简洁、灵活、直观与强大的功能所代替，让建筑师、室内设计师更直接、更方便地与业主交流。

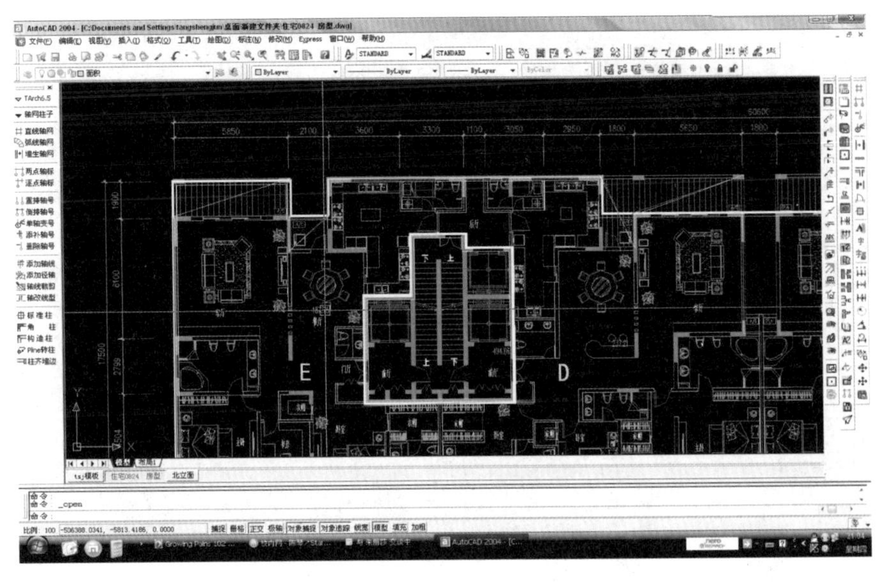

图 2-39

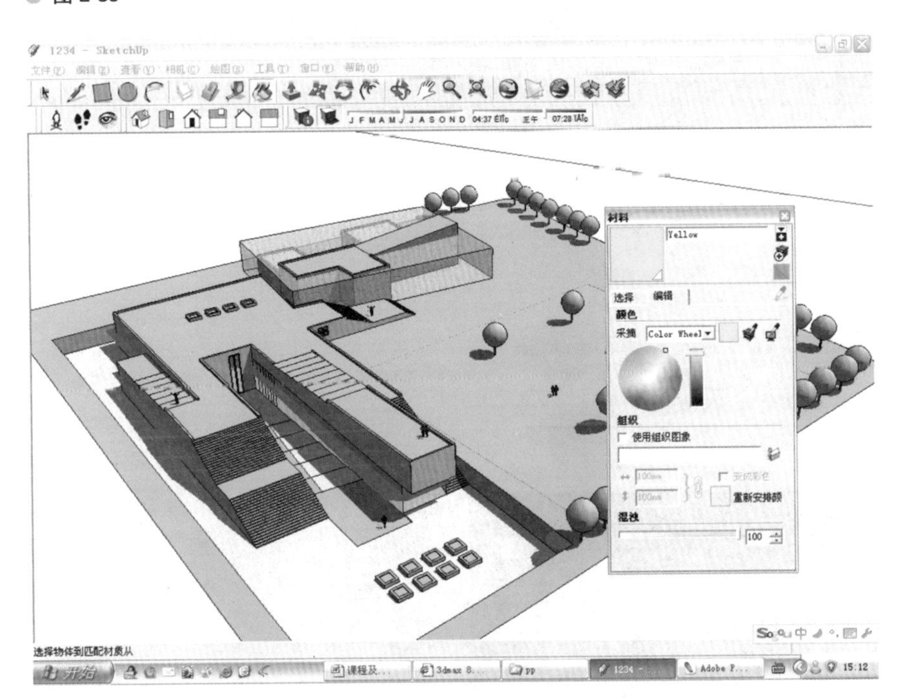

图 2-40　**Sketchup 软件表达了基本的建筑体块和阴影效果**

● 3DS MAX 软件

3DS MAX（3D Studio Max）是目前世界上应用最广泛的三维建模、动画、渲染软件，广泛应用于影视动画、建筑设计、广告、游戏、科研等领域。3ds Max 在中国十分流行，是使用最普遍的软件之一（图 2-41）。

3DS MAX 被广泛地应用于电视及娱乐业中，比如片头动画和视频游戏的制作。而在国内发展得相对比较成熟的建筑效果图和建筑动画制作中，3DS MAX 的使用率更是占据了绝对的优势。根据不同行业的应用特点对 3DS MAX 的掌握程度也有不同的要求，建筑方面的应用相对来说要局限性大一些，它只要求单帧的渲染效果和环境效果，只涉及比较简单的动画。其与建筑其他软件如 AutoCAD、Sketch-up 等之间也可进行一定的导入制作。整体来说 3DS MAX 在建筑建模上尺度概念比较模糊，后期的简单灯光渲染是一大特色，比较适宜建筑单体的模型制作，配合 Photoshop 可以制作出比较逼真的建筑效果图来（图 2-42）。

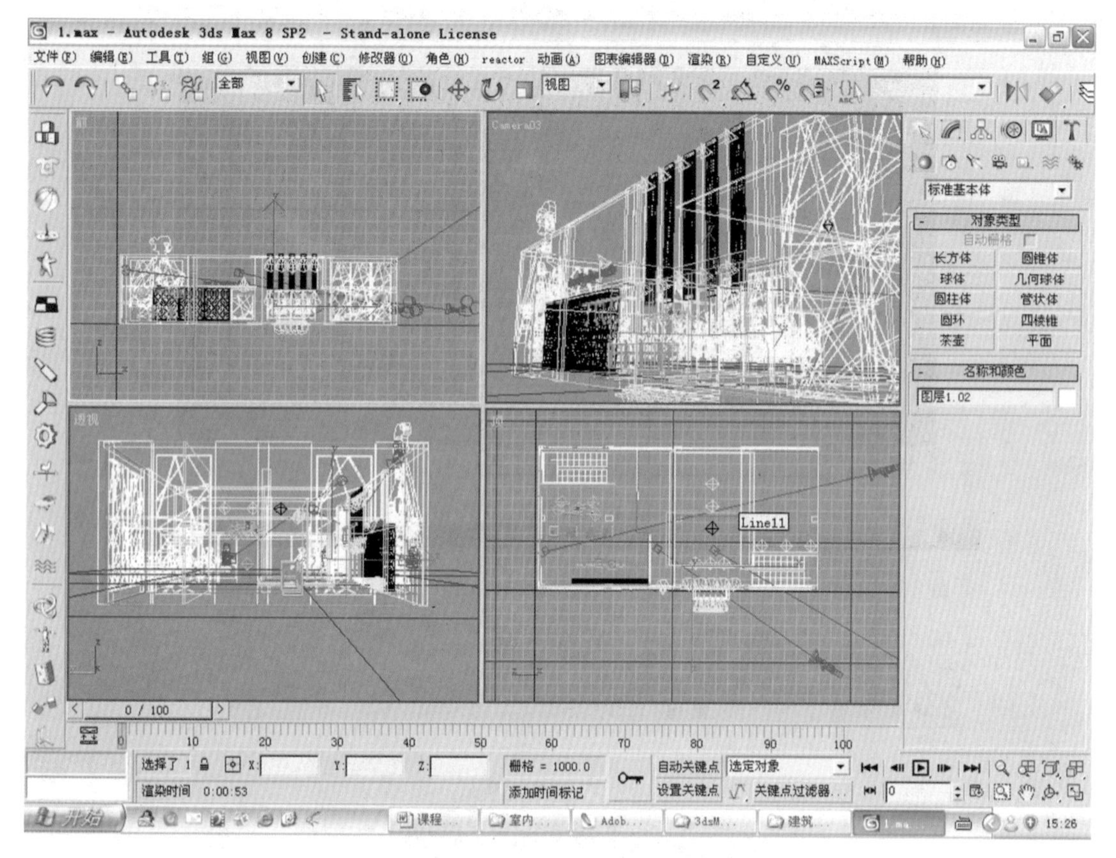
1.max - Autodesk 3ds Max 8 SP2 - Stand-alone License
文件(F) 编辑(E) 工具(T) 组(G) 视图(V) 创建(C) 修改器(O) 角色(H) reactor 动画(A) 图表编辑器(D) 渲染(R) 自定义(U) MAXScript(M) 帮助(H)
标准基本体
对象类型
自动栅格
长方体
圆锥体
球体
几何球体
圆柱体
管状体
圆环
四棱锥
茶壶
平面
名称和颜色
Line11
0 / 100
选择了 1
栅格 = 1000.0
自动关键点
选定对象
渲染时间 0:00:53
添加时间标记
设置关键点
关键点过滤器...
15:26

图 2-41

1.max - Autodesk 3ds Max 8 SP2 - Stand-alone License
文件(F) 编辑(E) 工具(T) 组(G) 视图(V) 创建(C) 修改器(O) 角色(H) reactor 动画(A) 图表编辑器(D) 渲染(R) 自定义(U) MAXScript(M) 帮助(H)
RGB Alpha
渲染
全部动画:
暂停
取消
当前任务: 渲染图像
公用参数
渲染进度:
帧编号 0
1 / 1
总数
过程编号 1/1
上一帧时间: 0:00:53
已用时间: 0:00:00
剩余时间: ??:??:??
Render Elements
光线跟踪器
高级照明
公用
渲染器
720x486
800x600
选项
大气
效果
置换
视频颜色检查
渲染为场
渲染隐藏几何体
区域光源/阴影视作点光源
强制双面
超级黑
高级照明
使用高级照明
需要时计算高级照明
渲染输出
产品级
预设:
ActiveShade
视口:
Camera03
渲染
选择了 1
栅格 = 100.0
自动关键点
选定对象
渲染时间 0:00:53
添加时间标记
设置关键点
关键点过滤器...
15:28

图 2-42

● Photoshop 软件

Adobe® Photoshop® 是完善图像的必备软件。Photoshop 的专长在于图像处理，而不是图形创作。图像处理是对已有的位图图像进行编辑加工处理，以及运用一些特殊效果，其重点在于对图像的处理加工；而图形创作软件是按照自己的构思创意，使用矢量图形来设计图形，这类软件主要有 Adobe 公司的另一个著名软件 Illustrator 和 Micromedia 公司的 Freehand。

Photoshop 在建筑学中的运用可以分为两部分，一部分主要是后期渲染，可以就 3d 等软件建模进行后期加工，添加场景、人物等一系列的效果图最终处理；另一部分主要就建筑设计中一些分析图之类的意向图表达运用，可以充分利用 Photoshop 的平面功能进行图形文字等设计。总体来说，Photoshop 是建筑设计后期一件强大的必不可少的工具（图 2-43）。

● 图 2-43　在 3dmax 建模的基础上，Photoshop 增加了树木、天空、地面等配景

思考题

1. 建筑美术课程有哪几门？它们与建筑设计课程有何联系？

2. 叙述建筑结构类课程的主要内容及其在建筑设计中的重要性。

第3章　建筑的实现——设计建筑

3.1　建筑需要设计

建筑设计必须综合地思考问题，要合理安排建筑物内部各使用功能和使用空间，要考虑建筑物与周围环境如场地、道路、朝向、景观等的关系，要考虑建筑外观和内部空间的艺术造型、细部构造，与结构、水、电、空调等技术工种的综合协调，并选择适当的技术手段达到使用要求，最终使所设计的建筑物满足适用、经济、美观的要求。

建筑设计的成果是建筑物施工建造的依据。

一个完整的建筑设计项目是由具备相关资质的建筑设计院、建筑设计事务所进行，是一项对建筑物进行综合计划的技术活动，称为工程设计。建筑工程设计通常是由多专业的工程师共同参与：

建筑师从事建筑设计；

结构工程师从事建筑结构设计；

设备工程师从事建筑设备设计；

建筑造价工程师从事建筑概预算和成本控制。

3.2　建筑工程建设程序及专业分工

3.2.1　建筑工程建设程序

建筑工程项目建设是多部门管理、多行业参与和配合完成的，建筑设计是其中的一个重要阶段。我国一般项目的建设程序简要如下：

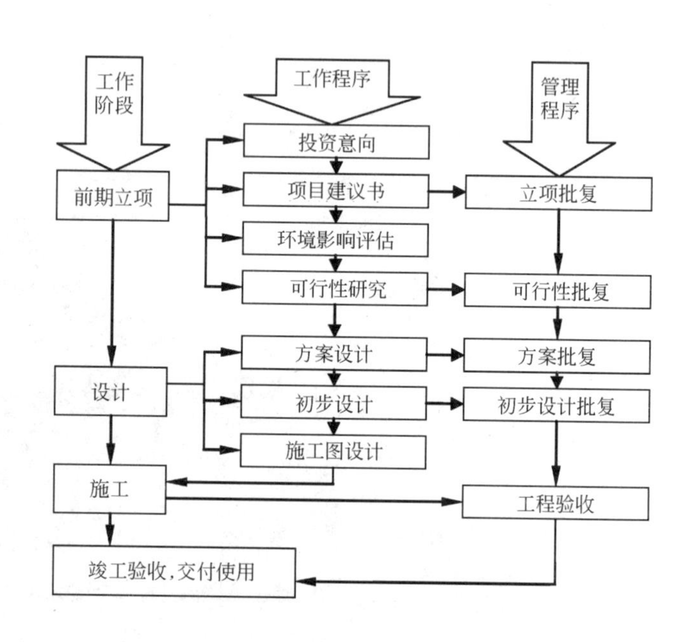

3.2.2　建筑工程设计分工

现代建筑的功能趋于复杂，技术要求日益提高，专业分工更明确更专业。建筑工程设计由多个专业工程师共同完成：

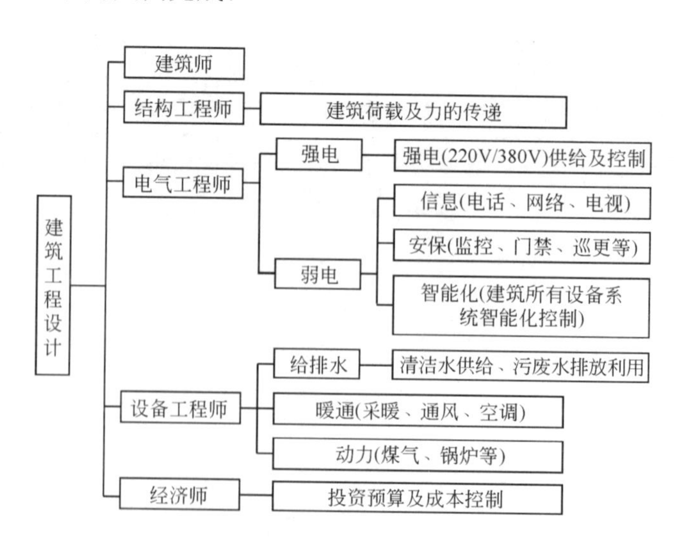

3. 2. 3　建筑师的工作

建筑是为人们活动创造空间，建筑师的工作即是对空间进行设计。

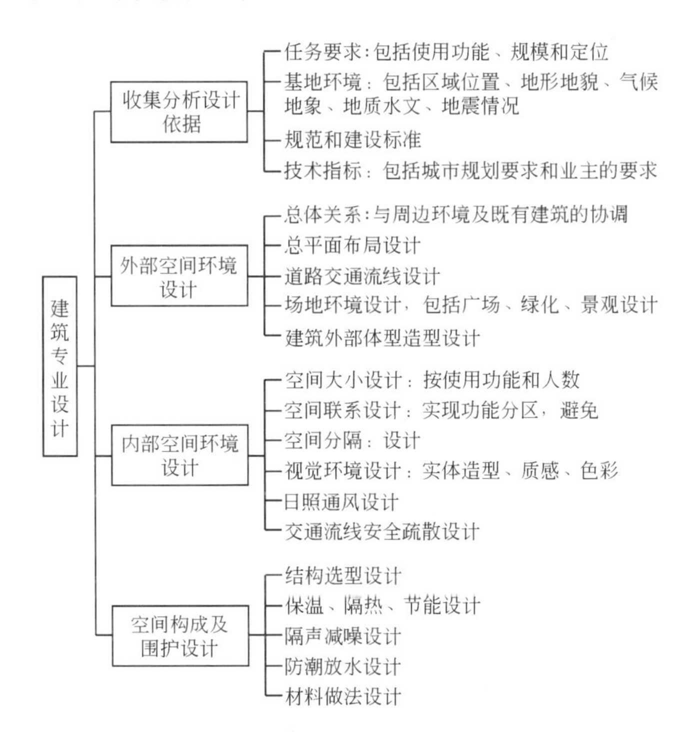

3. 3　建筑方案设计

建筑方案设计是一种创意与表达并行的创造性行为。设计师在设计创作之前首先要对自然环境、城市规划要求、建筑功能、工程造价、施工技术和可能影响工程的其他各种客观因素进行剖析，经过缜密的构思、酝酿，反复推敲、比较，提出一定的方案构架，再运用构思草图、平面图、立面图、透视、模型等表现手段将设计方案深入表达。

3. 3. 1　感性创意

立意，即是设计师希望通过设计作品传达某种情感，表达某些理念，是创造性的思维与想象阶段。构思可以诗意，也可以理性。一般建筑师都会以草图的形式来表达初步设想。扎实的美术基本功和丰富的想象力，能使建筑师在建筑设计过程中自由驰骋，游刃有余(图 3-1～图 3-6)。

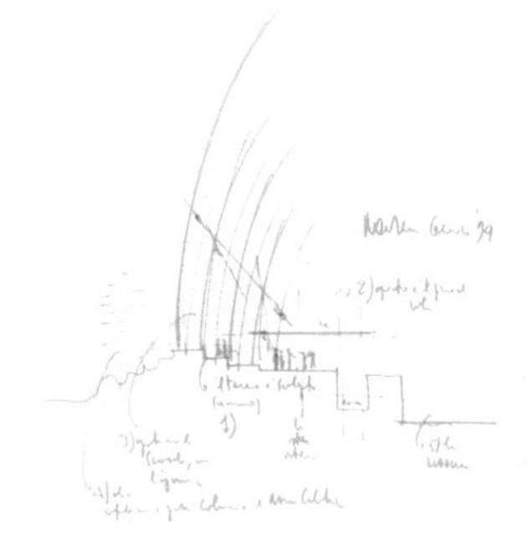

图 3-1　伦佐・皮亚诺艾　贝欧文化中心(新喀里多尼亚)设计草图和建筑实景立意分析——南太平洋上的帆

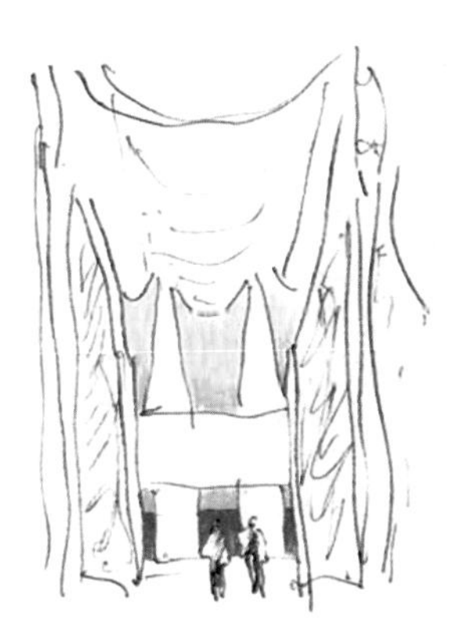

图 3-2　约翰・伍重　科威特议会大厦　设计草图和建筑室内实景立意分析——阿拉伯服饰

图 3-3　日本爱知世博会希腊馆构思

联想法：蓝色的爱琴海，橄榄枝，古典柱式日本爱知世博会美国馆构思——直接法：美国国旗色彩，国名

图 3-4　2010 年上海世博会英国国家馆实施方案

创意之馆活泼的建筑外形，加上外墙上随风飘动的、发光的触须，最终使“创意之馆”胜出

图 3-5　2010 年上海世博会英国国家馆入围方案

立意——树，八个相对独立却又互相关联的树状结构，展示了现代英国非平行且互相交汇的创新活动。

图 3-6　2010 年上海世博会英国国家馆入围方案

立意——岛屿，在水和风景环绕中，展现出英国的岛国风情。种满植被的景色甲板有三个特色展馆以及一个茶室，看上去好像漂浮在景区上方的云朵。

3.3.2　理性分析

在创意构思的基础上，建筑设计还要对地形进行勘探，对周边环境、日照条件、交通组织、功能要求、空间形态、结构形式等综合分析。建筑只有通过理性合理的分析，结合感性的创意构思，才能把握建筑设计的实质。

- 流线组织　主要对建筑物外部、内部使用功能上的车流、人流和物流分析、组织，使建筑总平面和平面内外、动静、污净各流线明确。
- 功能分区　研究建筑内部各组成部分之间的疏密关系然后加以组织。
- 采光通风　根据主要、次要空间安排房间的朝向，争取自然采光和通风。采光问题与窗的面积、形状、高低、开启方式的设计有关，通风设计需考虑房间空气的南北、东西、上下对流的可能。
- 日照分析　不同功能、不同属性的建筑，规定的日照标准不同。日照条件是建筑师在建筑设计过程中相对比较重要的考虑因素，尤其对于住宅建筑。日照因素的参入可以影响建筑物平面单元的设计、总平面图设计、建筑物之间的空间布局和建筑群的空间形态等。
- 结构选型　根据建筑的功能、高度、空间尺度等因素确定建筑的结构类型，使建筑的深入设计更为可行。
- 造型　根据建筑的使用性质、投资、周边环境，决定建筑物的外部形态、材质和色彩，运用对比统一、均衡稳定、节奏韵律、比例尺度等美学构图原则设计建筑外立面门窗、檐口等细部。
- 空间组合　空间组合是在流线、建筑功能、结构选型等诸多理性分析的基础上进行：

廊式　特点：各房间体量不大，数量较多，以走道、走廊等为主要轴线连接各个房间；适用的建筑类型：学校、医院、办公楼、宿舍、旅馆等（图 3-7、图 3-8）。

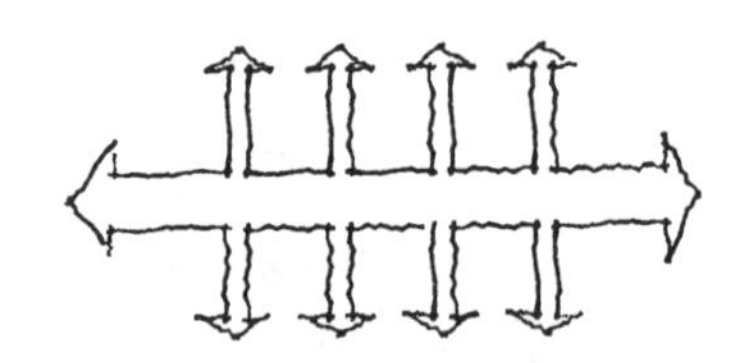

图 3-7　廊式

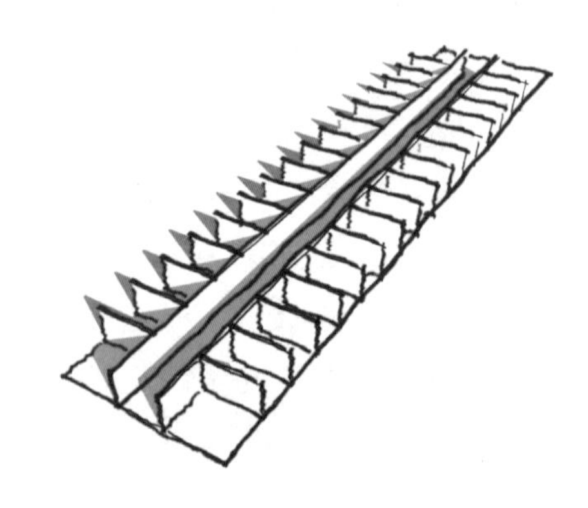

图 3-8　沿廊道布置空间组合

核心式　特点：各空间体量适中、相当，交通等辅助面积少，以门厅、垂直交通等为核心，放射性连接各个空间；所适用的建筑类型：博物馆、多厅影剧院等公共建筑或高层建筑(图 3-9、图 3-10)。

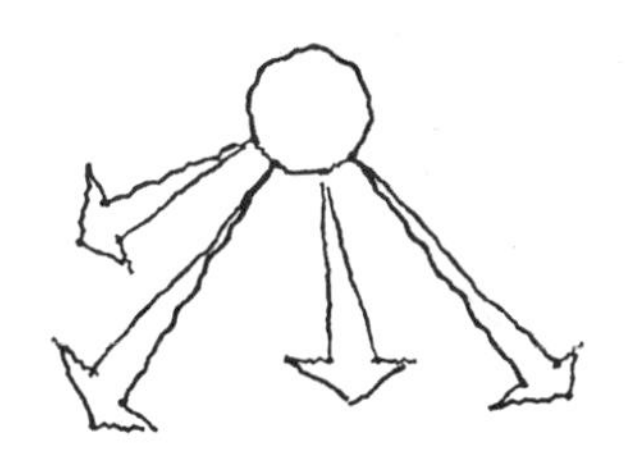

图 3-9　核心式

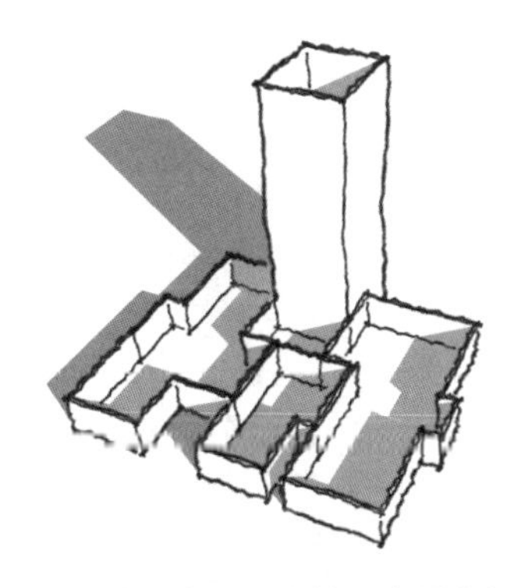

图 3-10　以垂直交通为核心布置空间组合

环形　特点：中心部位为建筑空间的核心，可以是室内的比赛场地，也可以是室外的庭院，而看台、展厅、交通、配套服务设施等空间环以核心布置；所适用的建筑类型：体育场、体育馆、展览馆、大型商务办公、酒店等(图 3-11～图 3-13)。

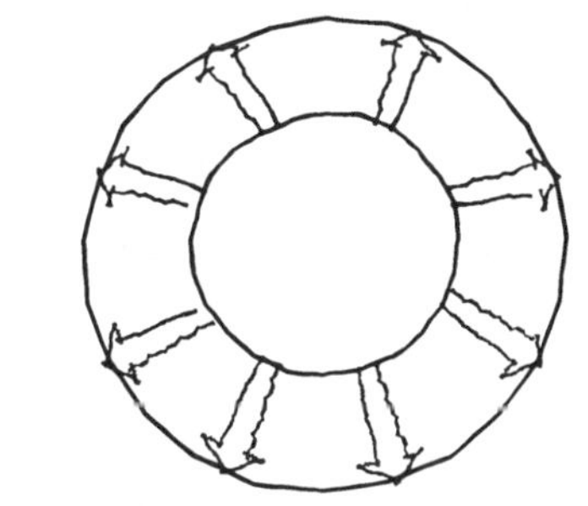

图 3-11　环形

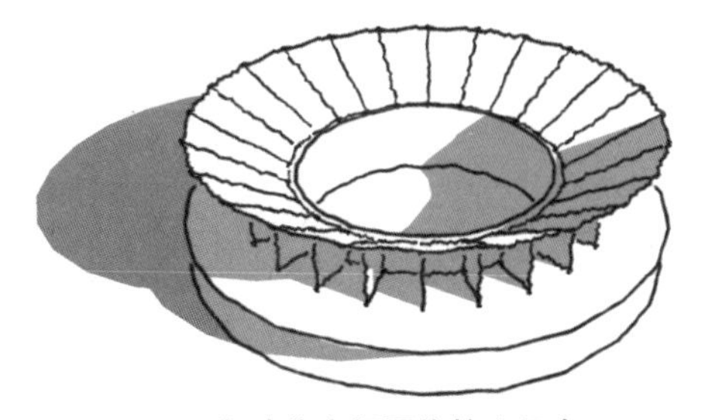

图 3-12　各功能空间围绕核心组合

图 3-13　2010 年上海世博会英国国家馆入围方案的剖面示意

展示空间以坡道的形式环绕中庭布置，参观流线不遗漏、不重复、不交叉，且空间景观丰富。

3.3.3　完整表达

表达是建筑师对方案构思的实现。建筑方案的完整表达主要通过建筑的设计说明、经济技术指标、总平面图、平面图、立面图和剖面图来完成，但建筑外部透视、建筑模型以及部分室内空间的透视，能更加直观地表现建筑方案，诠释设计理念。

- 设计说明：用文字阐述设计理念、设计依据、设计方法、设计概况等。
- 经济技术指标：用表格或数据统计基地面积、建筑占地面积、总建筑面积、建筑密度、建筑容积率、绿地率、机动车停车位等建筑技术指标。
- 总平面图：表达基地范围及周边环境，表达建筑基地内的位置及建筑屋顶的轮廓、屋面材质、建筑层数、出入口，表达基地内道路、广场、绿化、停车位，绘制指北针，图名，比例：方案设计总平面常用比例 1∶500 或 1∶1000。
- 平面图：包括建筑各层平面；注图名、比例、标高、各房间名；表达墙、柱、门、窗、楼梯等功能性构配件，适当布置各空间家具；底层平面需表达建筑周边环境；方案设计平面图常用比例 1∶300、1∶200 或 1∶100。
- 剖面图：注图名、比例、标高；表达墙、柱、门、窗、楼梯等功能性构配件；表达室内外高差；方案设计剖面图常用比例

1：300、1：200或1：100。

- 立面图：注图名、比例、标高；表达外墙门、窗形态，表达外墙材质及色彩；表示阴影效果；绘制树木、人物等建筑配景；方案设计立面图常用比例1：300、1：200或1：100。
- 效果图、模型：包括建筑整体、局部、室内透视或轴测效果图、建筑模型等。
- 功能分区、流线分析、日照分析的分析图。

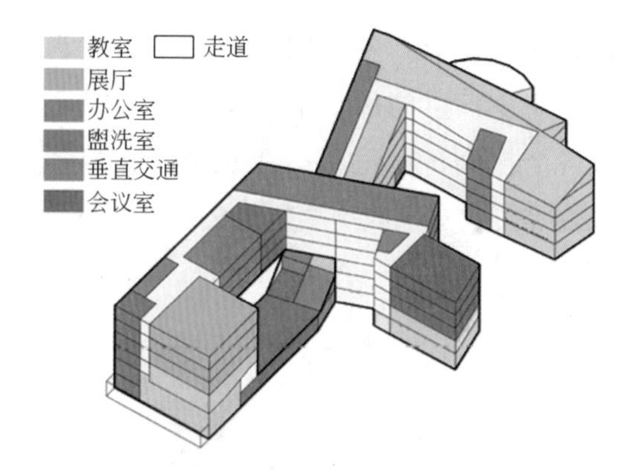

● 图3-16　同济大学中法中心功能分析图之二

3.3.4　实例解析：同济大学中法中心设计

中法中心方案设计

感性创意：握手——文化交流的象征。

作为一所中外交流中心的建筑，建筑师从交流的字眼着手，从中国的文化背景切入来感性地创造建筑的基本形态(图3-14)。

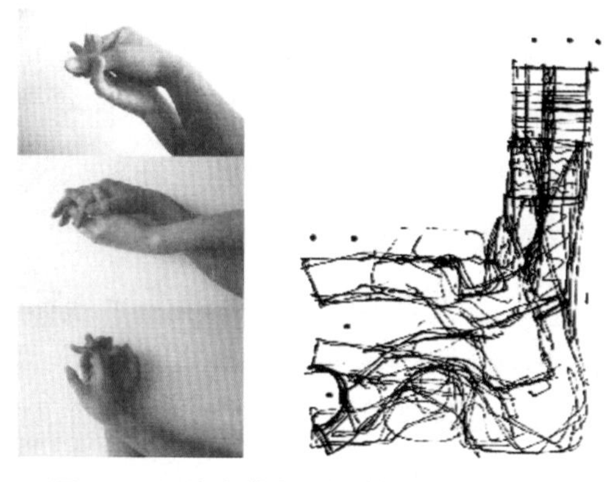

● 图3-14　同济大学中法中心草图

理性分析：功能分析图

功能分析图主要考虑建筑的动静关系、流线分布、污净分区等多方面的问题(图3-15、图3-16)。

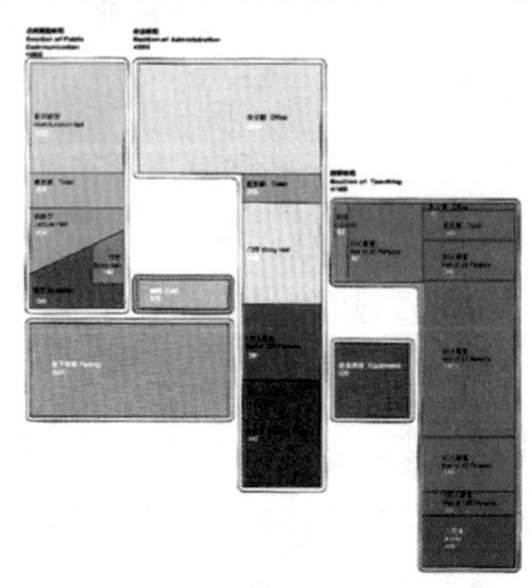

● 图3-15　同济大学中法中心功能分析图之一

理性分析：流线分析图

流线分析图主要考虑建筑在使用过程中将会出现的人流线路以及主要出入口的位置(图3-17)。

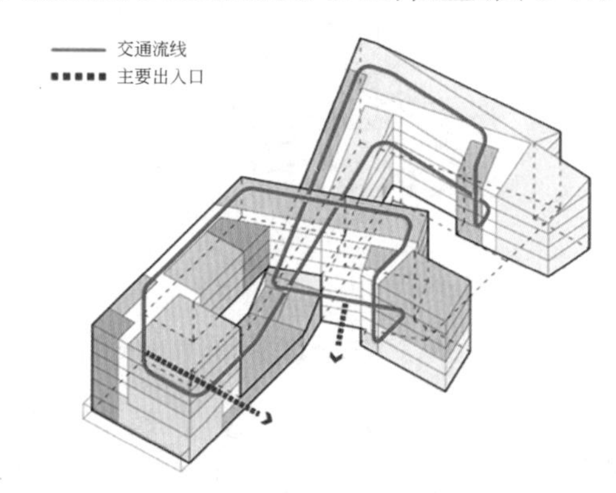

● 图3-17　同济大学中法中心流线分析图

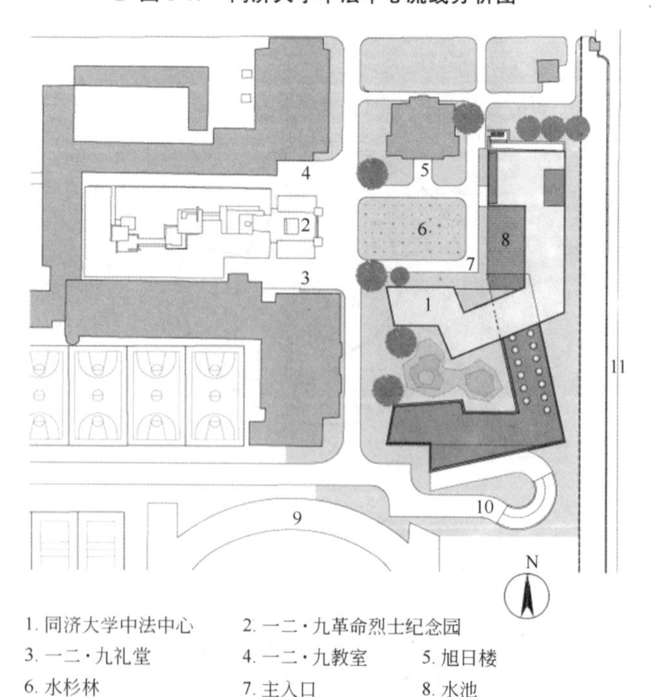

● 图3-18　同济大学中法中心总平面图

完整表达：总平面图

总平面图主要从总体上表达建筑与周边环境的关系，建筑所处的位置，主要出入口的位置以及建筑的层数等(图 3-18)。

完整表达：一层平面图

除表达建筑一层平面分布外，主要体现了建筑与周边环境的关系，以及主要出入口的布置(图 3-19)。

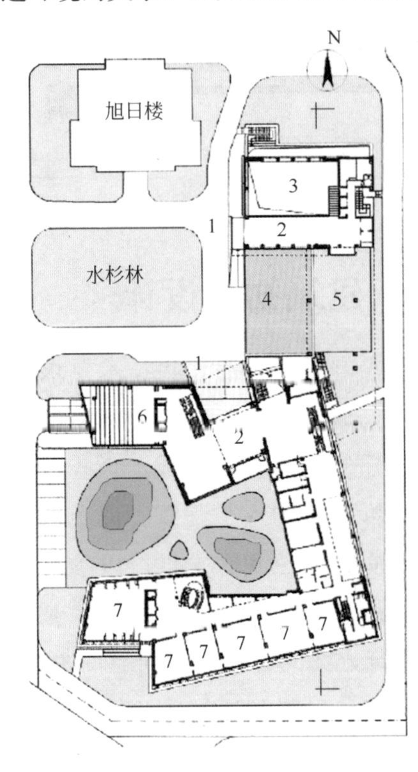

图 3-19　同济大学中法中一层平面图

完整表达：平面图

平面图主要表达建筑平面布局及建筑物主体与次体之间的关系(图 3-20)。

完整表达：剖面图

建筑剖面图主要表达了建筑内部空间，尤其是交通空间的纵向效果，能在平面的基础上更为客观、更具空间感地表达设计师的建筑设计内涵。同时也能比较明确地交代建筑的结构形式(图 3-21、图 3-22)。

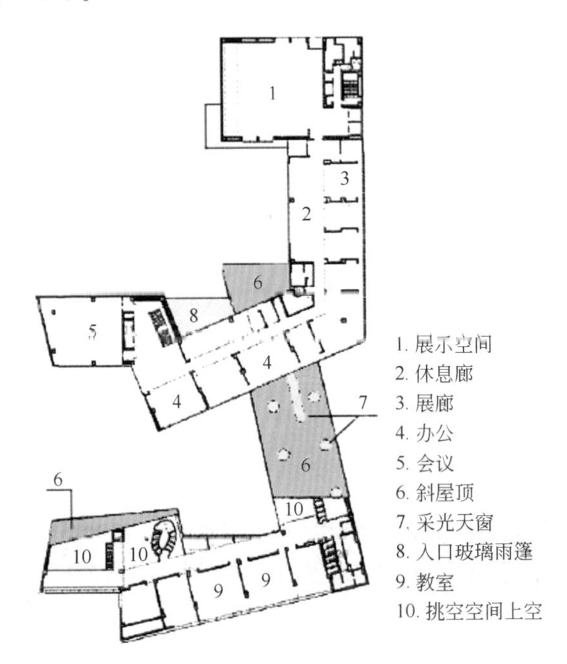

图 3-20　同济大学中法中心四层平面图

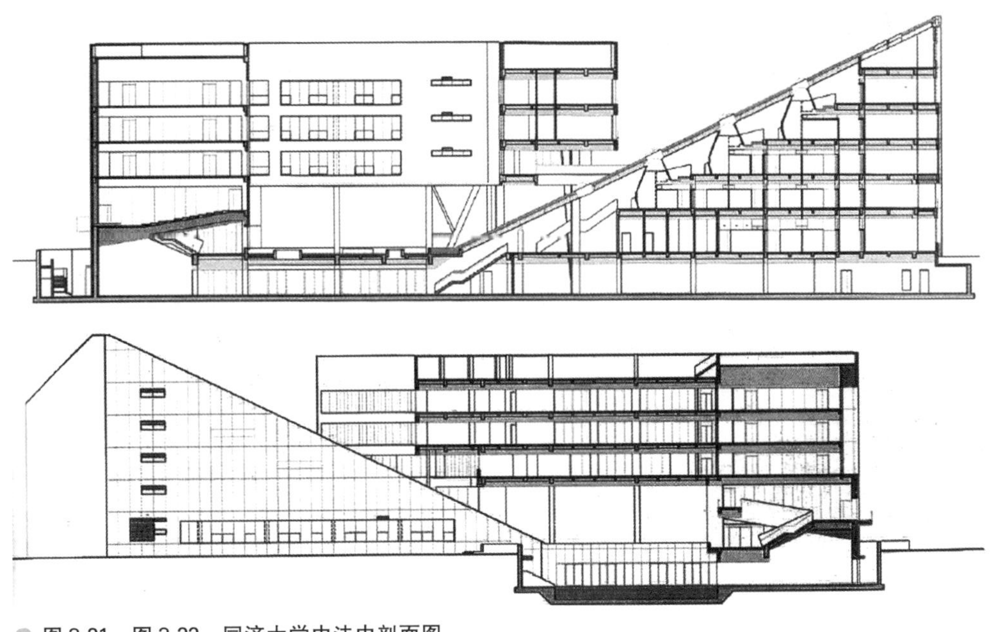

图 3-21、图 3-22　同济大学中法中剖面图

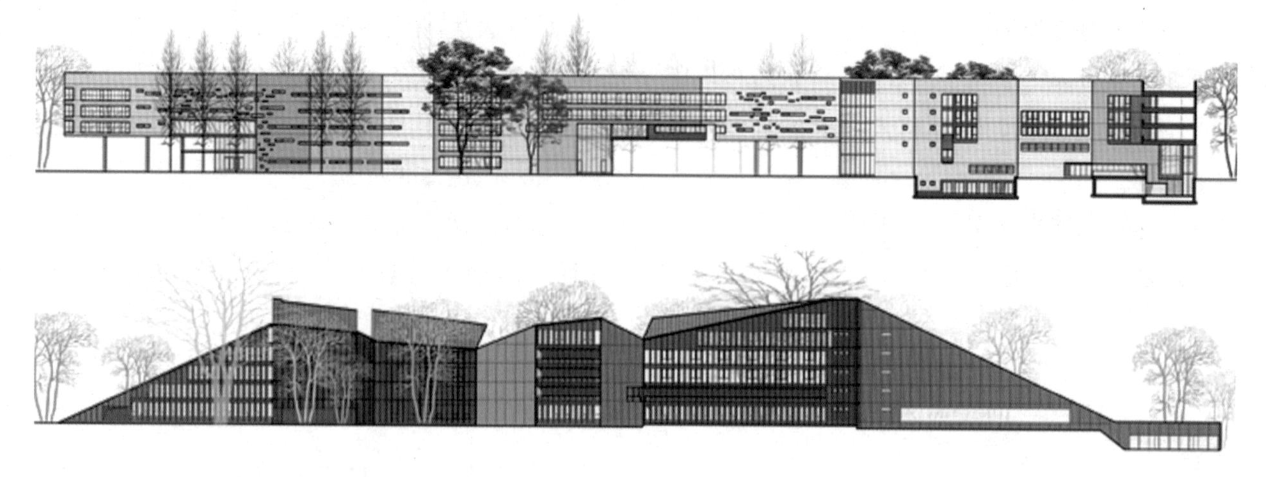

● 图 3-23、图 3-24 同济大学中法中立面图

完整表达：立面图

建筑立面图是对建筑外观的表达，同时也是对建筑平面、剖面所表达的空间的呼应(图 3-23、图 3-24)。

完整表达：模型

建筑模型是基于建筑平、立、剖等基本图纸而建造成的，主旨是对建筑从二维转化到三维，使建筑呈现更为直观的设计效果(图 3-25、图 3-26)。

● 图 3-25 同济大学中法中心模型图

● 图 3-26 同济大学中法中心实景图

3.4 建筑初步设计

建筑方案中标或审批通过后，除技术要求特别简单的中小型建筑，通常需进行初步设计。建筑方案设计一般可以由建筑专业独立完成，一些以创意为主的方案设计，可以不纳入工程管理的范畴，即不具备工程设计资质的单位和个人也可以参与方案的竞标。而从初步设计开始，就需要各个专业的工程师参与，解决建筑方案的各种技术问题，如结构、给排水、电气、通信、采暖与通风……因而这个阶段也被称为技术设计。

初步设计文件要满足政府主管部门审批，市政配套部门审查，特殊的、大型的设备采购和控制工程造价等要求。政府主管部门包括城市规划管理局、国有土地管理局、城乡建设管理局以及消防、卫生、环保、交通、绿化等相关管理部门。对一般民用建筑主要审查以下内容是否符合国家、地区和行业的相关法规要求：

(1) 拟建建筑物与用地界线(基地红线)、周边建筑及公共设施之间的距离；

(2) 建筑高度、建筑面积和建筑覆盖率、容积率等；

(3) 公用设施、公共活动空间，如道路、停车场(库)、绿化等；

(4) 建筑标准，如日照通风、面积指标、污废物排放、节能环保等；

(5) 建筑公共安全，如消防、交通、抗震、卫生防疫、人防设施等；

(6) 其他，如建筑造型和采用新技术、新材料以及工程经济性等。

注：1. 基地红线即为用地界线。基地与城市道路的界线，这也称为道路红线；基地与其他基地的界线为一般基地红线；与城市绿化间的界线称为绿线；与保留河道间的界线称为蓝线；与历史文化街区的保护范围间的界线称为紫线。

2. 建筑覆盖率，也称为建筑密度，为建筑占地面积与建筑基地面积的比值。

市政配套主要是电、水、煤气、电信、网络、电视、邮电、环卫等部门。他们审查初步设计文件，是为了掌握建设项目对市政设施的需求情况，以便规划建设，并提供相应的供给。他们最希望了解的是项目的建设周期和速度，了解水、电、煤气、电话、网络等的需求量。

初步设计的工作通常按以下流程进行：建筑专业收集资料、深化设计→向结构、设备和概预算专业提供资料(条件图)→各专业设计工作→各专业向建筑专业反馈资料、向概预算专业提供资料→各专业调整设计、编制设计说明→校审、会签→审定、出图、签字→文本制作。

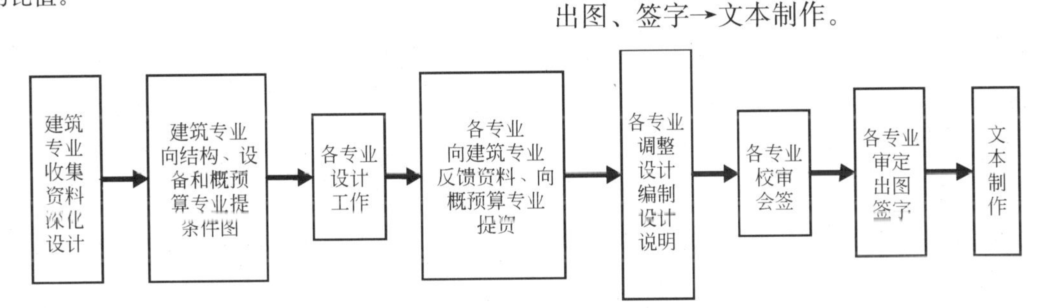

建筑专业的主要工作内容：

(1) 收集资料、调研，确定主要设计依据。资料包括方案阶段的基础设计资料、方案文件以及相关部门对方案的批复意见等。

(2) 深化、调整设计，提出主要建筑参数，如建筑面积、层数、高度等；提出主要建筑做法，如建筑造型、结构形式、建筑墙体与结构的关系等；提出主要设备用房及管井的位置等；绘制总平面图、平、立、剖面图。

方案设计阶段通常是时间匆忙，主要精力用于立意和总体设计。初步设计阶段的总平面，平、立、剖面图要比方案阶段的更准确、更详细了。总平面要标定建筑定位及其与周界的关系，道路、场地的位置和范围，地面和建筑的标高等。平面要标出定位轴线、各层面的标高、各房间的功能名称，以及区分承重与非承重墙等。立面、剖面也要标注各主要层面的标高。

(3) 向结构、各设备专业及概预算专业提供工作资料图，也称条件图。所谓条件图，即为各专业的工作基础图。在民用建筑设计院里称建筑专业是“龙头”，意思是没有建筑条件图，其他专业无法展开工作。在提出条件图之前，建筑师应与各专业工程师沟通，共同协商如结构选型及承重墙、柱的布置方式，设备用房和管井位置等，尽可能让条件图符合各专业的要求。

(4) 收集各专业反馈意见，协调各专业间的矛盾，修正条件图。

(5) 完善建筑专业的技术设计，如交通组织设计，防火、防烟分区及安全疏散设计，日照、节能和无障碍设计等。

(6) 完善建筑专业初步设计图纸和设计说明。

附：某居住小区初步设计说明目录：

第一章　设计总说明

1.1　设计依据

1.2　工程概况

1.3　设计范围

1.4　设计原则

第二章　总平面

2.1　设计依据及基础资料

2.2　主要设计规范规定

2.3 现状分析
2.4 规划与布局
2.5 形态与走势
2.6 景观与观景
2.7 技术经济指标
2.8 用地平衡表

第三章 建筑

3.1 设计依据
3.2 建筑主要类型及特征
3.3 建筑平面特点及流线分析
3.4 立面造型风格
3.5 主要建筑用料
3.6 建筑物一览表

第四章 结构

4.1 工程概况
4.2 建筑结构安全等级和设计使用年限
4.3 自然条件
4.4 设计依据及设计要求
4.5 结构选型
4.6 主要建筑材料材质和强度等级

第五章 给排水

5.1 设计依据及范围
5.2 工程概况
5.3 给水系统
5.4 消防给水
5.5 排水
5.6 管材
5.7 环境保护

第六章 强电

6.1 工程概况及设计依据
6.2 设计范围
6.3 用电负荷及配电系统
6.4 防雷设计

第七章 弱电

7.1 设计依据
7.2 设计范围
7.3 通信系统及综合布线系统
7.4 有线电视系统
7.5 背景音乐及紧急广播系统
7.6 建筑设备监控系统（BAS）

第八章 燃气

8.1 设计依据
8.2 用气与用量
8.3 燃气系统设计

第九章 空调、通风

9.1 采暖通风与空气调节的设计要点
9.2 室内设计参数及标准
9.3 冷热负荷的估算数据
9.4 空调调节系统设计：
9.5 通风系统简述
9.6 防、排烟系统简述
9.7 环保与噪声治理

第十章 消防

10.1 设计依据
10.2 总平面及建筑
10.3 消防给水
10.4 火灾自动报警控制功能及系统：
10.5 消防控制室
10.6 火灾自动报警系统
10.7 消防联动控制
10.8 应急照明系统
10.9 消防专用电话系统

第十一章 节能

11.1 编制依据
11.2 能源种类
11.3 建筑能耗情况及节能设计
11.4 设备能耗情况及节能设计

第十二章 劳动安全卫生

12.1 高绿化率
12.2 “四明设计”
12.3 降低噪声
12.4 用电安全设计
12.5 漏电保护

第十三章 安保

13.1 防盗报警系统
13.2 电视监控系统
13.3 巡更系统
13.4 小区报警系统
13.5 楼宇对讲系统

第十四章 交通组织

14.1 设计依据
14.2 交通流线
14.3 障碍设计

附：某居住小区建筑专业初步设计图纸目录：

效果图篇

- 小区鸟瞰图
- 住宅透视图一
- 住宅透视图二
- 商业效果图
- 配套公建效果图
- 彩色总平面图

规划设计篇

- 区域位置分析图
- 总平面定位图
- 交通分析图
- 景观分析图
- 空间分析图
- 日照分析图
- 组团平面放大图
- 景观意向分析图

建筑设计篇

- 住宅单元标准层平面
- 住宅楼栋平立剖面图
- 垃圾房平立剖面图
- 商业平面图
- 商业示意图
- 配套公建平面图
- 地下车库平面布置图

3.5 建筑施工图设计

初步设计获得主管部门审查批复，建设单位也对相关问题有了答复，就应开始进行施工图设计了。施工图设计的宗旨就是要依据相关规范标准，将以获得初步设计(小型项目可以从方案直接进入施工图设计)批复的项目做成一套能指导施工建造的蓝图，作为施工及施工发包、设备材料采购和工程预算的依据。

施工图设计阶段的工作流程和内容与初步设计基本相同，只是工作更细致、更具体了。除深化完成所有初步设计已经有的图纸使其达到施工图的深度要求外，一般还应增加下列图纸内容：

(1) 绘制厨房、卫生间、楼梯间等放大平面图，它们空间不大、设备设施较多、尺寸复杂，一般平面图无法标注清楚。

(2) 绘制节点详图，如墙身(包括散水或明沟、窗台、檐口或女儿墙等)、阳台、雨篷、楼梯和立面等有特殊花式处，均需要绘制节点详图，详细标注尺寸和材料做法。

(3) 进行门窗编号，编制门窗表，绘制门窗立面图。

(4) 编制室内装修材料表、装修做法用料表和施工说明等。

一般民用建筑，建筑专业的施工图设计可分为总平面设计和单体建筑设计两部分。总平面设计，也称总图设计，主要是各单体建筑的定位设计、道路和场地的定位及铺装设计等。单体建筑设计是指建筑的墙体、楼地面、屋顶、楼梯和门窗五大构配件的设计。基础因其主要为结构作用，通常由结构工程师完成其设计。

3.5.1 总平面设计

- 设计说明，应包括内容有：坐标和高程系统、建筑物定位依据和方法；主要技术经济指标，如基地面积、总建筑面积、地面建筑面积、地下建筑面积等。

注：我国建筑用高程系统常见有黄海高程系统。

- 总平面布置图，常用制图比例1∶500，内容包括：

基地及保留状况：坐标网、坐标值，指北针或风玫瑰图，保留的地形、建筑物、构筑物等，基地周边的建筑物、道路等。

拟建建筑物情况：建筑物、构筑物的名称或编号、层数，建筑物首尾定位轴线、总长、总宽和建筑定位尺寸等。

拟建场地情况：道路、广场、停车场、运动场、无障碍设施、排水沟、挡土墙、护坡等的投影关系及主要定位尺寸、弧线半径等。

- 总平面竖向布置图，常用制图比例1∶500，内容包括：

坐标网、坐标值；指北针或风玫瑰图；原有道路、水面、地面标高；拟建建筑物、构筑物的名称或编号及其室内外地面设计标高；拟建道路、排水沟等起点、变坡点、转折点、和终点等的设计标高、纵向坡度、坡距；拟建广场、停车场、运动场地面设计标高。

简单的工程，可以将总平面布置图和竖向布置图合并为一张图。

- 总平面详图，常用制图比例1∶20，应表明道路和场地的建造做法，包括：

道路断面图，路面结构图，挡土墙、护坡、排水沟、水池壁、河岸、运动场、停车场、路沿等断面详图。

- 绿化设计图，分总平面布置图、竖向设计图、植栽图、小品平立剖面图、场地断面详图等。

大型的、景观要求较高的项目，绿化通常作为景观工程另行委托设计。

3.5.2 单体建筑设计

- 设计说明，内容有设计依据、项目概况和材料做法、门窗表等：

设计依据，包括政府主管部门的各种批文、市政配套部门的咨询意见、相关规范标准和已获批复的初步设计文件等。

项目概况，包括建筑名称、建设地点、建设单位，建筑面积、建筑占地面积、建筑工程等级、设计使用年限、建筑分类和耐火等级，建筑物层数和高度，建筑人防要求、抗震设防烈度，地下防水等级、屋面防水等级，设计标高及其与总图标高的关系，主要经济技术指标。

建筑主要构件的材料和做法，包括墙体、楼地面、屋面及雨水管、楼梯栏杆、门窗等，保温、防潮防水层；室外台阶、踏步、散水(明沟)等，油漆、防腐，室内外装饰装修等。

其他设计说明，如电梯、自动扶梯的选型设计；幕墙工程、特殊屋面工程的性能和制作要求等。

施工图设计一般应制作门窗表、装饰装修选用表和构造做法用料表等。

当门窗立面不能从标准图集中选用时，还应绘制门窗立面图，注明门窗的立面分格和开启要求。

- 各层平面图，常用制图比例 1∶100，除了标明各房间名称外还应有以下内容：

承重墙、柱及其定位轴线和编号，轴线总尺寸、轴线间尺寸和外门窗洞口尺寸及其与定位轴线的关系(俗称三道尺寸)，墙身厚度、扶壁柱尺寸，隔墙位置、厚度及定位，内门窗洞口宽度和定位尺寸，门窗编号；楼梯编号、上下方向及索引，自动扶梯上下方向及定位，电梯井道及其门洞尺寸和定位。

建筑构配件如中庭、天窗、地沟、人孔、阳台、雨篷、台阶、散水明沟、变形缝等的位置、尺寸和详图索引，固定设施、设备如通风管道、竖向管井、烟囱等的位置、尺寸和详图索引，墙体预留空洞的尺寸好定位。

各楼、地面标高。

- 屋顶平面图，常用制图比例 1∶100，应有以下内容：

主要定位轴线和编号，轴线总尺寸、轴线间尺寸，女儿墙或檐沟的宽度及其与定位轴线的关系、断面索引，屋面分水线、汇水线及定位，屋面坡度和向下方向，雨水口形式和定位尺寸、详图索引，人孔、爬梯、烟道、风道、变形缝等的形式和定位尺寸、详图索引。

- 立面图，即建筑的外观正投影图，常用制图比例 1∶100，应反映以下内容：

立面图样，即建筑外轮廓线、门窗、墙面及装饰构件的投影线脚、立面分格线等；其他构配件如阳台、雨篷、台阶、栏杆、烟囱、花台、雨水管、变形缝等的投影线。

标注建筑总高、楼层高度、女儿墙高度、门窗洞口高度及定位尺寸(立面三道尺寸)，楼地面、屋面及室外地面标高，构配件及线脚尺寸及定位。

标注立面两端的定位轴线。

标注立面饰面材料说明；线脚和构配件详图索引等。

- 剖面图，应反映空间联系和主要构部件关系，常用制图比例 1∶50，应表达：

剖面图样：建筑的实体部分，如墙身、梁、楼地面、室外地面、阳台、雨篷等，这些内容用粗实线勾勒轮廓后、填充材质图例(比例小于 1∶50 时可不填充)表示；剖视方向可见的构部件轮廓如梁、柱等，非实体部件如门窗、栏杆等，用细实线表示；非剖视方向可见、画出来有助于反映构部件关系的轮廓线用虚线表示。

剖面图外部也应标注建筑总高、楼层高度、女儿墙高度和门窗洞口高度及定位等三道尺寸；内部应标注内门窗洞口高度和定位、吊顶下的空间高度、栏杆高度、地沟(坑)深度等尺寸等。

标注两端的定位轴线、各楼地面标高、屋面及室外地面标高，加注详图索引等。

- 放大平面图，常用制图比例 1∶50：

厨房、卫生间、楼梯间和某些设备用房放大，以便清楚标注设备设施的定位尺寸、踏步和梯段的定位尺寸等。放大平面图应标注定位轴线和轴线间尺寸，可不标注门窗编号。

- 详图，又称节点详图，常用制图比例 1∶10～1∶20：

平面、立面、剖面中无法表达清楚的，需要局部做断面图，以表达构造关系的，都可以用详图来表达。详图应有编号，并标注定位轴线，与详图索引处编号和轴线相互对应。

常见的详图有墙脚的散水、明沟，墙身的窗台、窗顶，屋面的檐口、女儿墙，阳台、楼梯的栏杆、栏板等，还有变形缝、烟囱、装饰线断面等。

详图应标明定位关系、构造尺寸和材料的做法，粗实线勾勒断面、用材料图例填充。

建筑施工图应按设计说明、总平面定位图、自下至上各层平面图、屋顶平面图、立面图、剖面图、放大平面图、详图排序，并编制图纸目录。图纸目录中除了有图号、图名外，通常应有图幅。施工图常用图幅为A2、A1或更大，面积极小的大门、窗户类项目可以用A3。一套施工图中，除目录用A4外，其余图的图幅应尽量统一，以方便图档装订和管理。

附：某项目施工图选编，供学习理解。

序号	图别图号	图纸名称	采用标准图或复用图		图幅	备注
			图集编号或工程编号	图别图号		
1	建施 0	图纸目录			A4	
2	建施 1	设计说明			A2	
3	建施 2	装修用料表			A2	
4	建施 3	装修选用表、门窗表及门窗立面图			A2	
5	建施 4	总平面定位图			A2	
6	建施 5	首层平面图			A2	
7	建施 6	二层平面图			A2	
8	建施 7	屋顶平面图			A2	
9	建施 8	①—⑦立面图⑦—①立面图			A2	
10	建施 9	Ⓐ—Ⓙ立面图Ⓙ—Ⓐ立面图			A2	
11	建施 10	Ⅰ—Ⅰ剖面Ⅱ—Ⅱ剖面			A2	
12	建施 11	厨房、楼梯间放大平面图			A2	
13	建施 12	卫生间放大平面图			A2	
14	建施 13	详图①～⑥			A2	
15	建施 14	详图⑦～⑪			A2	

<table>
<tr><td colspan="5">上海□□建筑设计院</td><td>工程总称</td><td>宁波××××花园</td><td>子项名称</td><td colspan="2">18号楼(甲型)别墅</td></tr>
<tr><td>设计</td><td></td><td></td><td></td><td></td><td colspan="3" rowspan="4">图纸目录</td><td>设计号</td><td>2008××××</td></tr>
<tr><td>校对</td><td></td><td></td><td></td><td></td><td>比例</td><td></td></tr>
<tr><td>设计总负责人</td><td></td><td></td><td></td><td></td><td>日期</td><td>2009.1</td></tr>
<tr><td>审核（审定）</td><td></td><td></td><td></td><td></td><td>图号</td><td>建施　0</td></tr>
</table>

思考题

1. 建筑设计包括哪三个阶段？分别叙述各阶段的主要内容。
2. 简述一幢湖边独立住宅建筑方案设计的过程和内容。

施工图设计说明

一、设计依据

1. 建设审批单位对本工程初步设计(或方案设计)的批复，批准文号××××。

2. 城市规划管理部门对本工程初步设计(或方案设计)的审批意见，文件号××××。

3. 消防、卫生防疫、人防、园林等管理部门对本工程初步设计(或方案设计)的审批意见，文件号××××。

4. 甲方对本工程初步设计(或方案设计)的意见。

5. 现行国家和地方(如浙江省、宁波市等)相关设计规范、标准和规定。

二、工程概况

1. 本工程位于宁波××××小区，建筑面积238平方米，建筑占地面积188平方米，层数2层。

2. 本工程属一般民用建筑，设计使用年限50年，耐火等级二级。

3. 本工程结构为砖混结构，结构类别三类，抗震设防烈度为7度。

三、设计标高及总平面定位

1. 室内地坪设计标高±0.000相等于绝对标高(黄海)5.800，高于室外地面600mm。

2. 平面定位详总平面定位图。

四、墙体及墙面

1. 本工程结构为砖混结构，墙体均为承重墙，除注明外均为240厚，轴线与墙体中心线重合。±0.000以上墙体采用MU10标准砖M5混合砂浆砌筑，±0.000以下墙体采用MU10标准砖M5水泥砂浆砌筑。基础须挖至老土，详结构设计图。

2. 砖墙防潮层顶标高−0.060，采用60厚C20密实混凝土内配2ϕ8、ϕ4@200现浇混凝土带。

3. 内墙角(含门洞阳角)均作R=20，1∶2水泥砂浆暗护角至梁底或洞底。

4. 内墙面：卫生间、厨房间为瓷砖墙面，其余均为乳胶漆墙面，面材看样确定。

5. 踢脚：100高踢脚，踢脚材料同地面。

6. 内窗盘：大理石窗台，看样确定。

7. 外墙面：以仿红砖墙面为主，配白色装饰线、门窗框套，详立面图和效果图，面砖色样看样确定。

8. 外门窗天盘底、挑檐檐口底，阳台板外口均须做出滴水线。

五、地面

1. 地面回镇土须分层夯实，不应含有有机质。回填土不少于三皮，每皮不大于300，后做70厚道渣(或碎石)夯实，80厚C15混凝土垫层。

2. 地面：客厅、餐厅、公共走道、楼梯等为花岗石地面，卧室为实木地板，卫生间、厨房间等均采用防滑地砖地面。拼花详室内设计图。

3. 车库采用细石混凝土地面。

4. 卫生间地面1%坡度坡向地漏。

六、屋面

1. 屋面雨水管采用白色PVC欧式雨水管、雨水沟。

2. 屋面为水泥彩瓦防水，从上至下为：水泥彩瓦→30×40@350挂瓦条→15×30@500压毡条→PVC涂料防水→现浇钢筋混凝土屋面板。

屋面正脊、斜脊、斜沟和山墙封檐分别参照国标00J202—1《坡屋面建筑构造(一)》第22页、第26页相关节点施工。

七、顶棚

1. 底层客厅、餐厅、公共走道为石膏板造型顶棚，详室内设计图。二层居室、公共走道为石膏板吊顶，卫生间为防水石膏板吊顶。

2. 其余为涂料实抹平顶，灯具布置详室内设计图。

八、门窗

1. 入户大门采用铜饰门，其余门窗选用白色欧式塑钢门窗，立面分隔及开启方式详本图。

2. 外门窗除注明者外，选用5+12(A)+5中空玻璃，单块玻璃面积大于1.5m的选用安全玻璃；外窗带纱扇。

3. 除注明外，外门窗均居中立樘，内门均居内立樘。

九、油漆及防腐

1. 油漆选用：木门及其他木构件选用彩色685漆；室外栏杆及其他露明铁件选用醇酸磁漆；油漆质量等级均为中级，色彩看样确定。

2. 防腐措施：所有钢铁构件油漆之前须彻底除锈并上红丹二度，预埋木砖热沥青防腐。

十、室外工程

1. 散水、室外踏步等与建筑主体墙面之间设20宽变形缝，缝底填沥青麻丝，缝顶嵌20厚PVC油膏。

2. 入口处踏步及平台采用毛石铺砌。

3. 散水宽度600，用毛石铺砌，参照02J003—2/5。

十一、选用图集：

1. 国家标准图02J003《室外工程》

2. 国家标准图00J202—1《坡屋面建筑构造(一)》

绘图要点提示：

施工图设计说明主要设计依据、工程概况和主要工程(墙体、地下、屋面、楼梯、门窗、室内外装修等)做法，应根据工程具体情况有所增减。

上海□□建筑设计院	工程总称	宁波××××花园	子项名称	18号楼(甲型)别墅
设计		设计说明	设计号	2008-××××
校对			比例	1:100
设计总负责人			日期	2009.1
审核<审定>			图号	建施 1

单位出图专用章盖章　个人执业专用章盖章

专业　实名　签名　日期：建筑、结构、给排水；电气、暖通、绘图

装修用料表

编号	名称	做法及说明	备注
屋 1	上人屋面	1. 8～10 厚地砖，干水泥擦缝 2. 撒素水泥面洒适量清水结合层 3. 20 厚硬性水泥砂浆 4. PVC 卷材防水层 5. 30 厚 C20 细石混凝土，内配 $\phi4@200$ 6. 膨胀珍珠岩保温并找坡，最薄处 50 厚，沟内不做 7. 15 厚 1：3 水泥砂浆找平 8. 现浇钢筋混凝土屋面板	用于 3.000 标高平屋面；防水卷材施工要求详产品说明
屋 2	装饰瓦屋面	1. 水泥彩瓦 2. 30×40@350 挂瓦条 3. 15×30@500 压毡条 4. PVC 涂料防水 5. 30 厚 C20 细石混凝土，内配 $\phi4@200$ 6. 膨胀珍珠岩保温处 50 厚 7. 15 厚 1：3 水泥砂浆找平层 8. 刷素水泥浆一遍 9. 钢筋混凝土屋面板	用于坡屋面；颜色及规格待定
外 1	仿红色黏土砖外墙面	1. 仿红色黏土砖 2. 5 厚 1：1 水泥细砂结合层 3. 12 厚 1：3 水泥砂浆刮糙	看样确定
外 2	高级白色涂料墙面	1. 高级白色外墙涂料 2. 8 厚 1：2.5 水泥砂浆粉面压实抹光 3. 12 厚 1：3 水泥砂浆打底	用于门窗框、装饰线等
外 3	花岗石墙面	1. 20 厚青灰色粒子面花岗石 2. 5 厚 1：1 水泥细砂结合层 3. 12 厚 1：3 水泥砂浆刮糙	用于基座和墙角装饰
内 1	瓷砖内墙面	1. 花色瓷砖（看样确定） 2. 5 厚 1：1 水泥砂浆结合层 3. 10 厚 1：3 水泥砂浆找平层 4. 砖基层	用于厨房、卫生间
顶 1	石膏板造型吊顶	1. 乳胶漆（颜色另定） 2. 10 厚纸面石膏板 3. 50 系列 U 形轻钢龙骨（主、次） 4. $\phi10$ 螺栓吊筋@900×900 5. 钢筋混凝土板预埋铁环 $\phi8$ 双向@900	用于客厅、过厅和二楼居室
顶 2	防水石膏板防霉涂料吊顶	1. 防霉乳胶漆（颜色另定） 2. 10 厚防水石膏板 3. 50 系列 U 形轻钢龙骨（主、次） 4. $\phi10$ 螺栓吊筋@900×900 5. 钢筋混凝土板预埋铁环 $\phi8$ 双向@900	用于二楼卫生间
顶 3	防霉涂料实抹顶棚	1. 防霉乳胶漆 2. 6 厚 1：0.3：3 水泥石灰膏砂浆粉面 3. 6 厚 1：0.3：3 水泥石灰膏砂浆打底扫毛 4. 刷素水泥浆(掺水重 3%～5%的 107 胶)结合层一道 5. 现浇钢筋混凝土梁板底	用于厨房、底层卫生间
地 1	花岗石地面	1. 20 厚花岗石，干水泥擦缝 2. 撒素水泥、洒适量清水结合层 3. 30 厚硬性水泥砂浆找平 4. 刷素水泥浆结合层一道 5. 80 厚 C15 混凝土，内配 $\phi4@200$ 6. 80 厚碎石夯实 7. 素土夯实	用于客厅、过厅
地 2	防滑地砖地面	1. 8～10 厚地砖，干水泥擦缝 2. 撒素水泥、洒适量清水结合层 3. 干硬性水泥砂浆找平，并 1%坡度坡向地漏 4. 刷素水泥浆结合层一道 5. 80 厚 C15 混凝土，内配 $\phi4@200$ 6. 80 厚碎石夯实 7. 素土夯实	用于厨房、卫生间
地 3	木地面	1. 15 厚长条木地板 2. 15 厚防腐毛板 3. 40×30@300 防腐地龙骨 4. 30 厚细石混凝土随捣随光 5. 80 厚 C15 混凝土，内配 $\phi4@200$ 6. 80 厚碎石夯实 7. 素土夯实	用于底层卧室
楼 1	防滑地砖楼面	1. 8～10 厚地砖，干水泥擦缝 2. 撒素水泥、洒适量清水结合层 3. 干硬性水泥砂浆找平，并 1%坡度坡向地 4. 刷素水泥结合层一道 5. 现浇钢筋混凝土楼板	用于二楼卫生间
楼 2	木地面	1. 15 厚长条木地板 2. 15 厚毛板 3. 40×30@300 木地龙骨 4. 30 厚细石混凝土随捣随光 5. 现浇钢筋混凝土楼板	用于二楼卧室等
踢 1	地砖踢脚(高 150)	1. 同质地砖 2. 5 厚 1：1 水泥细砂结合层 3. 12 厚 1：3 水泥砂浆找平 4. 砖基层	用于地砖楼、地面

绘图要点提示：
装修做法与工程建设标准和地方习惯有关系，应根据具体项目情况编制；还可以按国家或地方标注图集选用。

上海□□建筑设计院	工程总称	宁波××××花园	子项名称	18号楼(甲型)别墅
设计		装修用料表	设计号	2008-××××
校对			比例	1:100
设计总负责人			日期	2009.1
审核<审定>			图号	建施 2

单位出图专用章盖章

个人执业专用章盖章

专业	签名	实名	日期
建筑			
结构			
给排水			
电气			
暖通			
总图			

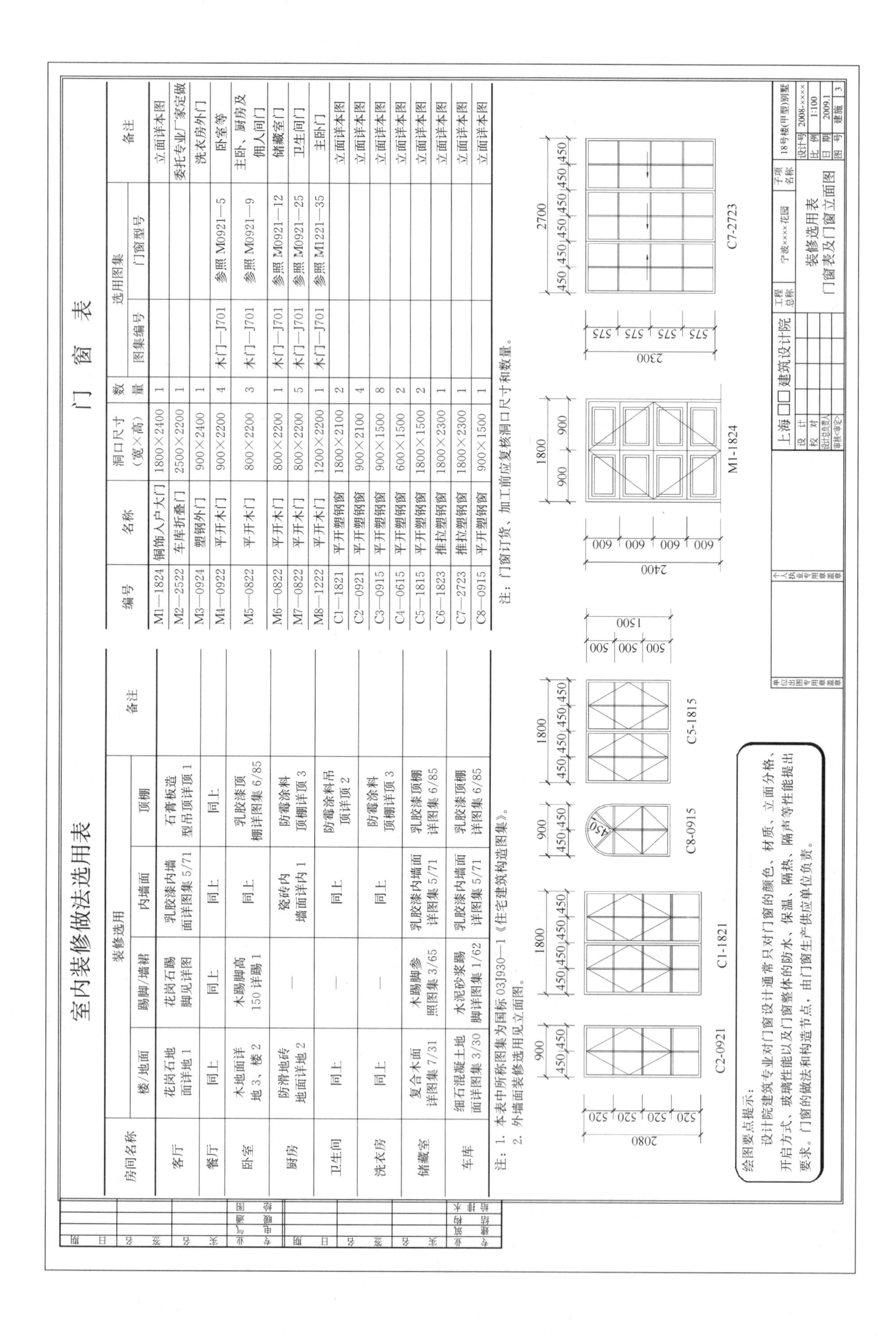

室内装修做法选用表

房间名称	装修选用				备注
	楼/地面	踢脚/墙裙	内墙面	顶棚	
客厅	花岗石地面详地 1	花岗石踢脚见详图	乳胶漆内墙面详图集 5/71	石膏板造型吊顶详顶 1	
餐厅	同上	同上	同上	同上	
卧室	木地面详地 3、楼 2	木踢脚高 150 详踢 1	同上	乳胶漆顶棚详图集 6/85	
厨房	防滑地砖地面详地 2	—	瓷砖内墙面详内 1	防霉涂料顶棚详顶 3	
卫生间	同上	—	同上	防霉涂料吊顶详顶 2	
洗衣房	同上	—	同上	防霉涂料顶棚详顶 3	
储藏室	复合木面详图集 7/31	木踢脚参照图集 3/65	乳胶漆内墙面详图集 5/71	乳胶漆顶棚详图集 6/85	
车库	细石混凝土地面详图集 3/30	水泥砂浆踢脚详图集 1/62	乳胶漆内墙面详图集 5/71	乳胶漆顶棚详图集 6/85	

注：1. 本表中所称图集为国标 03J930—1《住宅建筑构造图集》。
2. 外墙面装修选用见立面图。

门　窗　表

编号	名称	洞口尺寸（宽×高）	数量	选用图集		备注
				图集编号	门窗型号	
M1—1824	铜饰入户大门	1800×2400	1			立面详本图
M2—2522	车库折叠门	2500×2200	1			委托专业厂家定做
M3—0924	塑钢外门	900×2400	1			洗衣房外门
M4—0922	平开木门	900×2200	4	木门—J701	参照 M0921—5	卧室等
M5—0822	平开木门	800×2200	3	木门—J701	参照 M0921—9	主卧、厨房及佣人间门
M6—0822	平开木门	800×2200	1	木门—J701	参照 M0921—12	储藏室门
M7—0822	平开木门	800×2200	5	木门—J701	参照 M0921—25	卫生间门
M8—1222	平开木门	1200×2200	1	木门—J701	参照 M1221—35	主卧门
C1—1821	平开塑钢窗	1800×2100	2			立面详本图
C2—0921	平开塑钢窗	900×2100	4			立面详本图
C3—0915	平开塑钢窗	900×1500	8			立面详本图
C4—0615	平开塑钢窗	600×1500	2			立面详本图
C5—1815	平开塑钢窗	1800×1500	2			立面详本图
C6—1823	推拉塑钢窗	1800×2300	1			立面详本图
C7—2723	推拉塑钢窗	1800×2300	1			立面详本图
C8—0915	平开塑钢窗	900×1500	1			立面详本图

注：门窗订货、加工前应复核洞口尺寸和数量。

绘图要点提示：

设计院建筑专业对门窗设计通常只对门窗的颜色、材质、立面分格、开启方式、玻璃性能以及门窗整体的防水、保温、隔热、隔声等性能提出要求。门窗的做法和构造节点，由门窗生产供应单位负责。

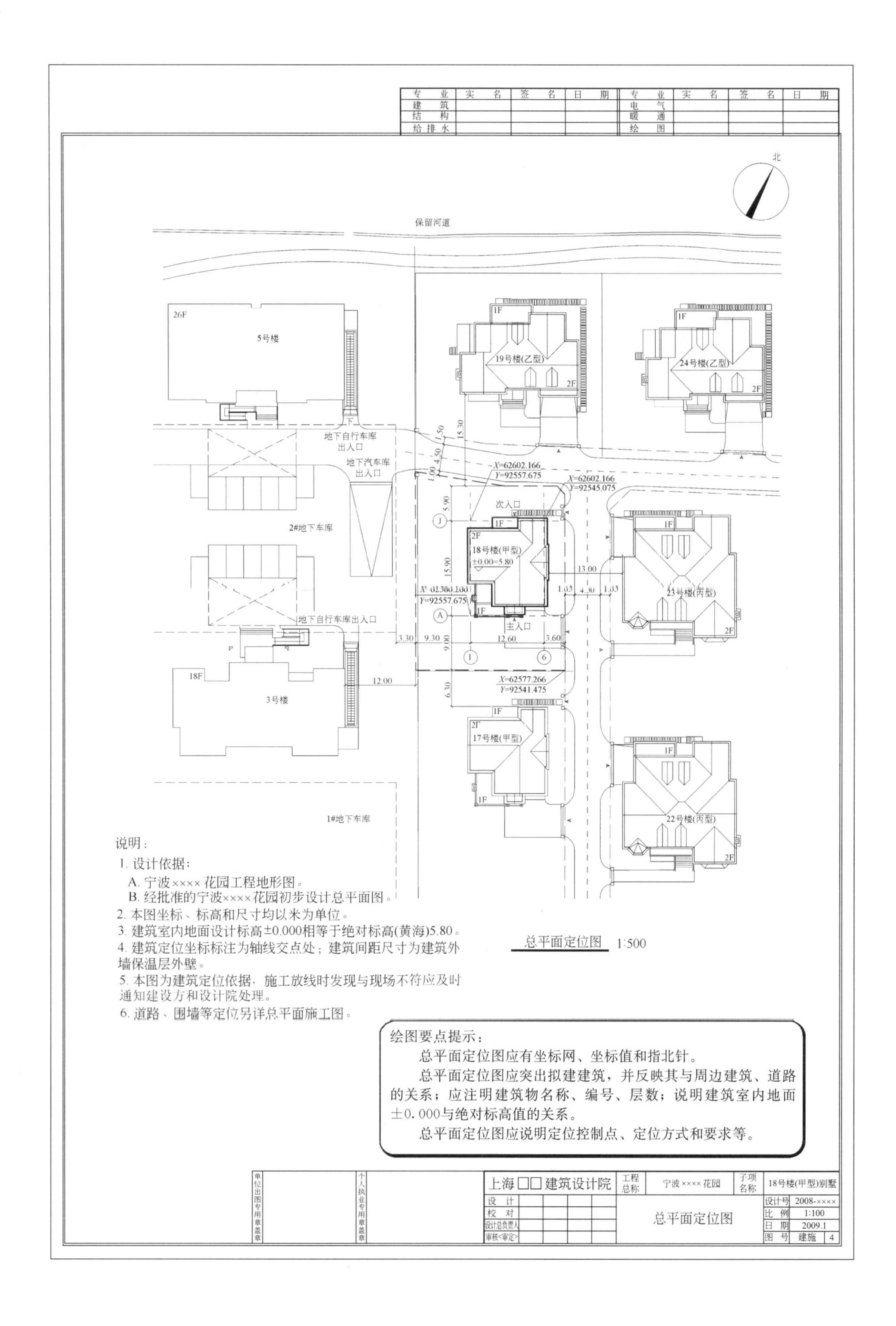

专业 实名 签名 日期 专业 实名 签名 日期
建筑
结构
给排水
电气
暖通
绘图
北
保留河道
26F
5号楼
19号楼(乙型)
24号楼(乙型)
地下自行车库出入口
地下汽车库出入口
2#地下车库
次入口
18号楼(甲型)
±0.00=5.80
主入口
23号楼(丙型)
地下自行车库出入口
18F
3号楼
17号楼(甲型)
22号楼(丙型)
1#地下车库
X=62602.166
Y=92557.675
X=62602.166
Y=92545.075
Y=92557.675
X=62577.266
Y=92541.475
说明：
1. 设计依据：
A. 宁波××××花园工程地形图。
B. 经批准的宁波××××花园初步设计总平面图。
2. 本图坐标、标高和尺寸均以米为单位。
3. 建筑室内地面设计标高±0.000相等于绝对标高(黄海)5.80。
4. 建筑定位坐标标注为轴线交点处；建筑间距尺寸为建筑外墙保温层外壁。
5. 本图为建筑定位依据，施工放线时发现与现场不符应及时通知建设方和设计院处理。
6. 道路、围墙等定位另详总平面施工图。
总平面定位图 1:500
绘图要点提示：
总平面定位图应有坐标网、坐标值和指北针。
总平面定位图应突出拟建建筑，并反映其与周边建筑、道路的关系；应注明建筑物名称、编号、层数；说明建筑室内地面±0.000与绝对标高值的关系。
总平面定位图应说明定位控制点、定位方式和要求等。
单位出图专用章盖章
个人执业专用章盖章
上海□□建筑设计院
工程总称 宁波××××花园
子项名称 18号楼(甲型)别墅
设计
校对
设计总负责人
审核<审定>
总平面定位图
设计号 2008-××××
比例 1:100
日期 2009.1
图号 建施 4

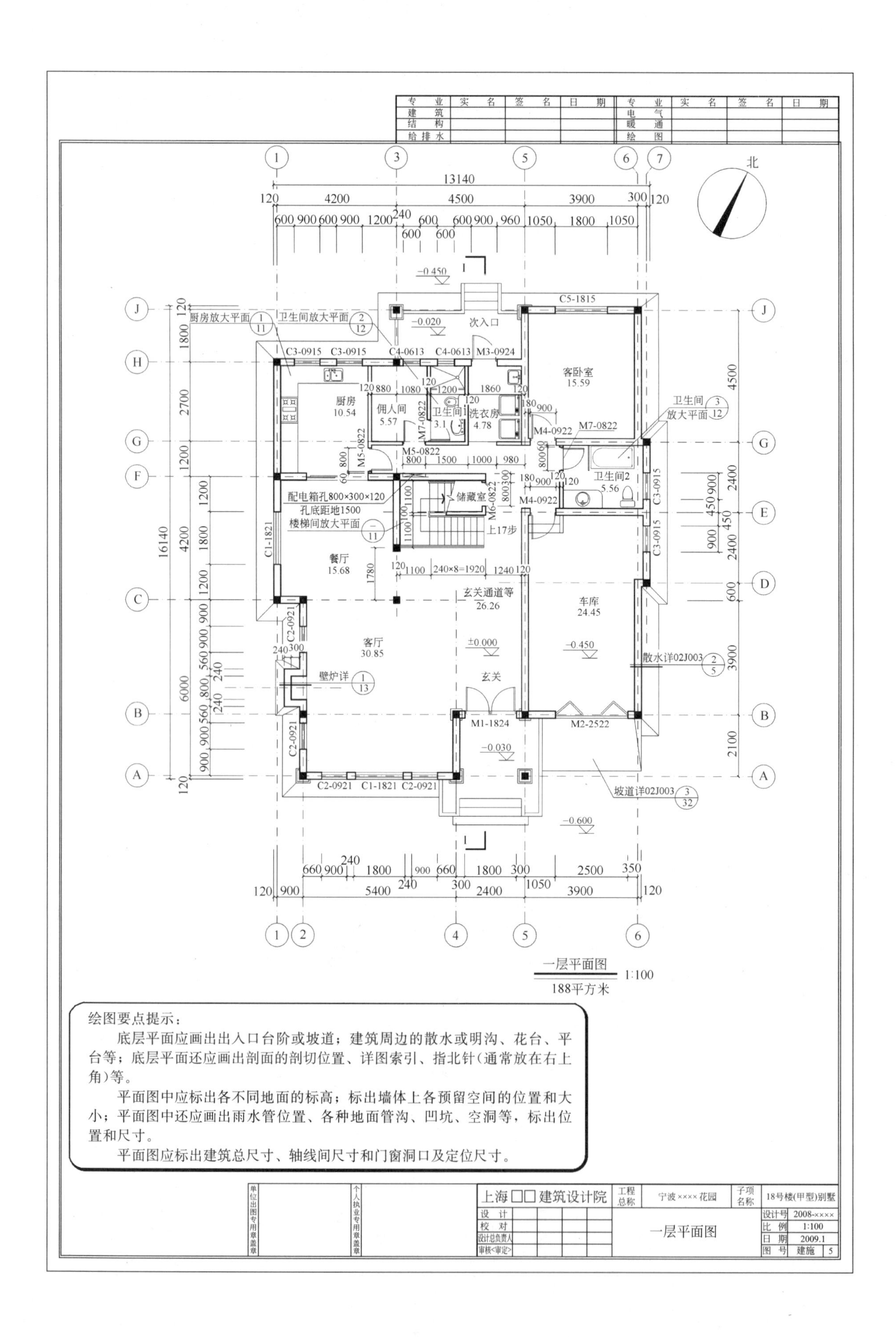

绘图要点提示：

底层平面应画出出入口台阶或坡道；建筑周边的散水或明沟、花台、平台等；底层平面还应画出剖面的剖切位置、详图索引、指北针(通常放在右上角)等。

平面图中应标出各不同地面的标高；标出墙体上各预留空间的位置和大小；平面图中还应画出雨水管位置、各种地面管沟、凹坑、空洞等，标出位置和尺寸。

平面图应标出建筑总尺寸、轴线间尺寸和门窗洞口及定位尺寸。

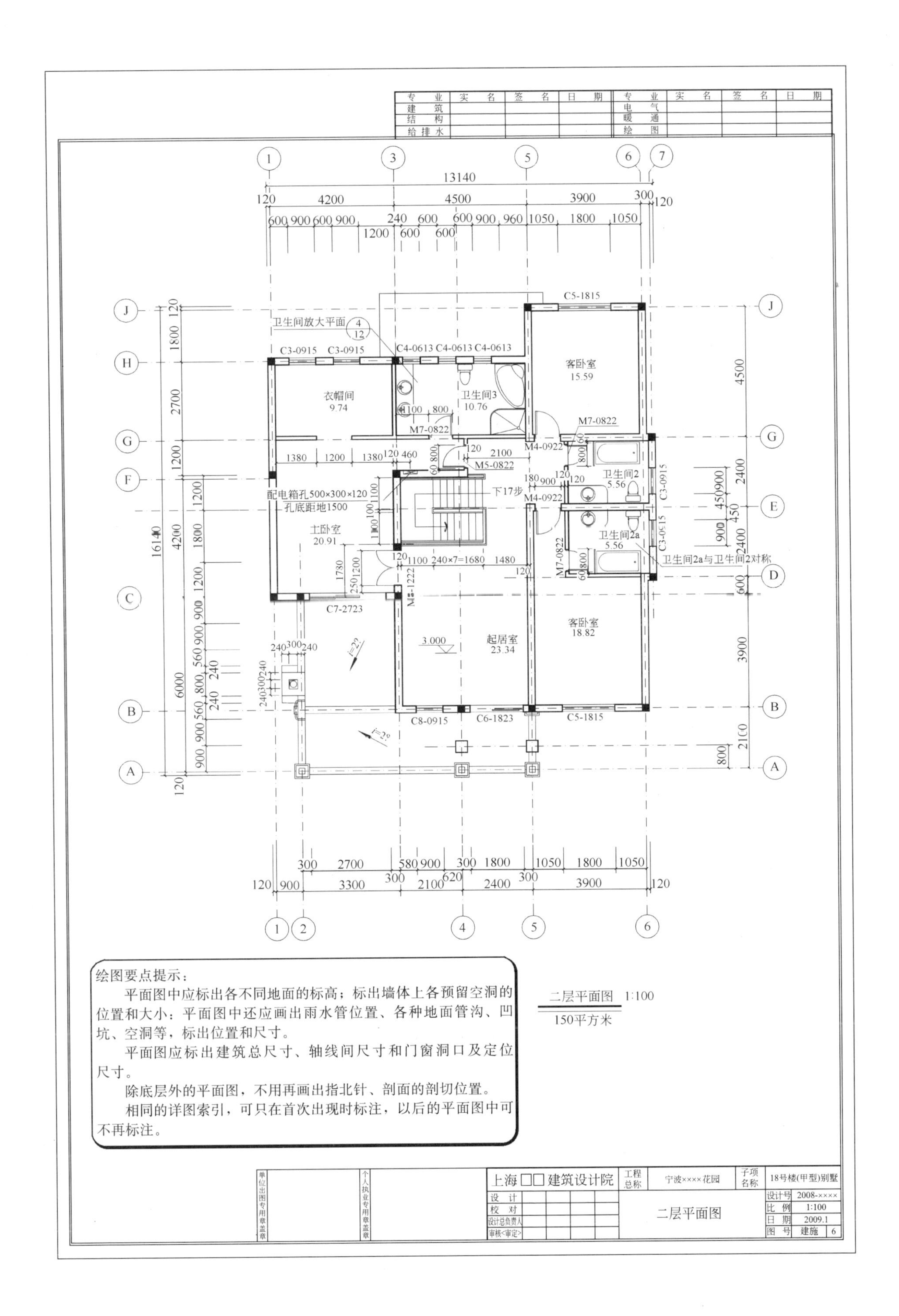

卫生间放大平面
衣帽间 9.74
卫生间3 10.76
客卧室 15.59
卫生间2 5.56
卫生间2a 5.56
卫生间2a与卫生间2对称
配电箱孔500×300×120
孔底距地1500
下17步
主卧室 20.91
起居室 23.34
客卧室 18.82
二层平面图 1:100
150平方米
绘图要点提示：
平面图中应标出各不同地面的标高；标出墙体上各预留空洞的位置和大小；平面图中还应画出雨水管位置、各种地面管沟、凹坑、空洞等，标出位置和尺寸。
平面图应标出建筑总尺寸、轴线间尺寸和门窗洞口及定位尺寸。
除底层外的平面图，不用再画出指北针、剖面的剖切位置。
相同的详图索引，可只在首次出现时标注，以后的平面图中可不再标注。
上海□□建筑设计院
宁波××××花园
18号楼(甲型)别墅
二层平面图

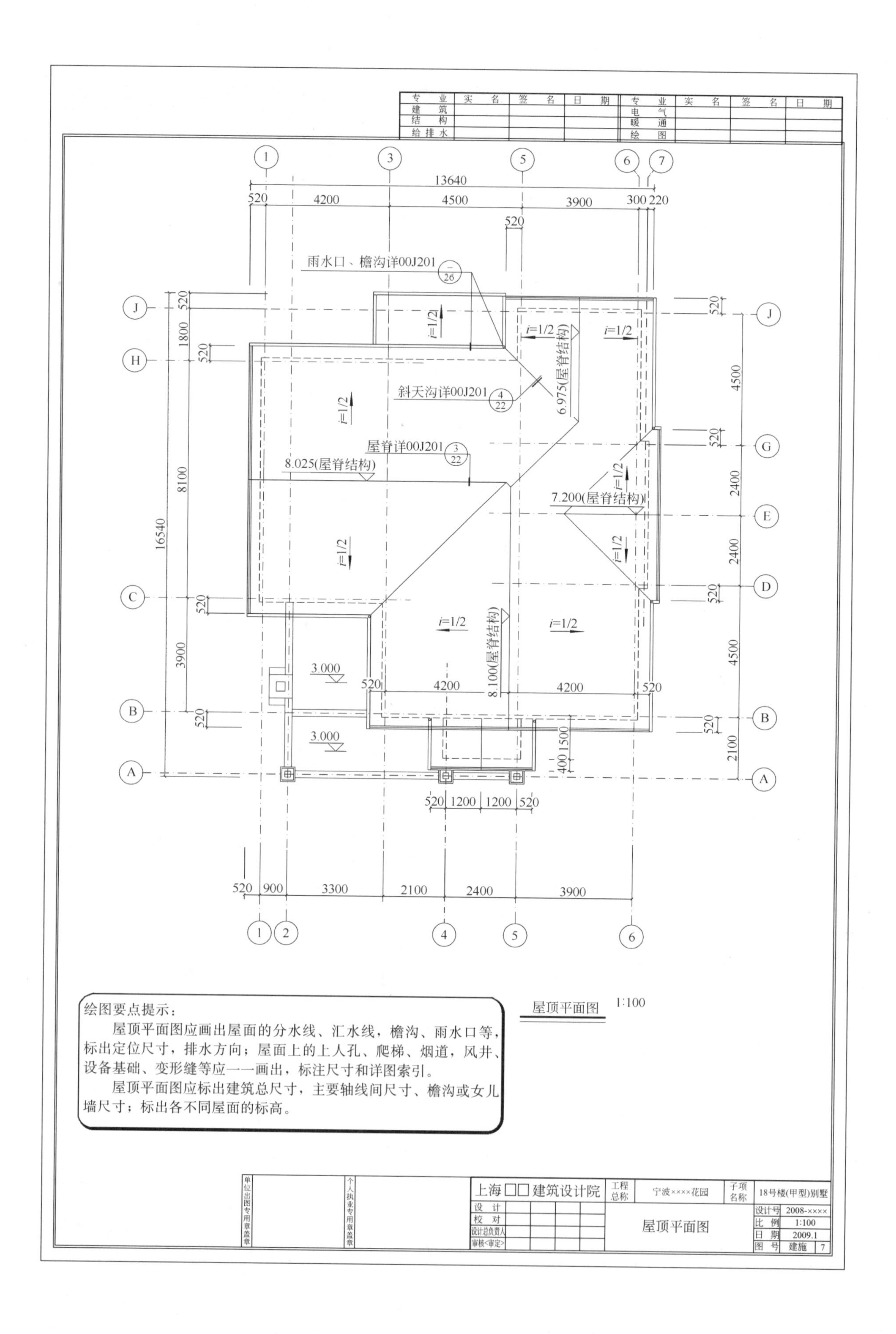

专业 实名 签名 日期
建筑
结构
给排水
电气
暖通
绘图
13640
520 4200 4500 3900 300 220
雨水口、檐沟详00J201
斜天沟详00J201
屋脊详00J201
8.025(屋脊结构)
6.975(屋脊结构)
7.200(屋脊结构)
8.100(屋脊结构)
i=1/2
3.000
16540
520 900 3300 2100 2400 3900
520 1200 1200 520
屋顶平面图 1:100
绘图要点提示：
屋顶平面图应画出屋面的分水线、汇水线，檐沟、雨水口等，标出定位尺寸，排水方向；屋面上的上人孔、爬梯、烟道，风井、设备基础、变形缝等应一一画出，标注尺寸和详图索引。
屋顶平面图应标出建筑总尺寸，主要轴线间尺寸、檐沟或女儿墙尺寸；标出各不同屋面的标高。
上海□□建筑设计院
工程总称 宁波××××花园
子项名称 18号楼(甲型)别墅
设计 校对 设计总负责人 审核<审定>
屋顶平面图
设计号 2008-××××
比例 1:100
日期 2009.1
图号 建施 7

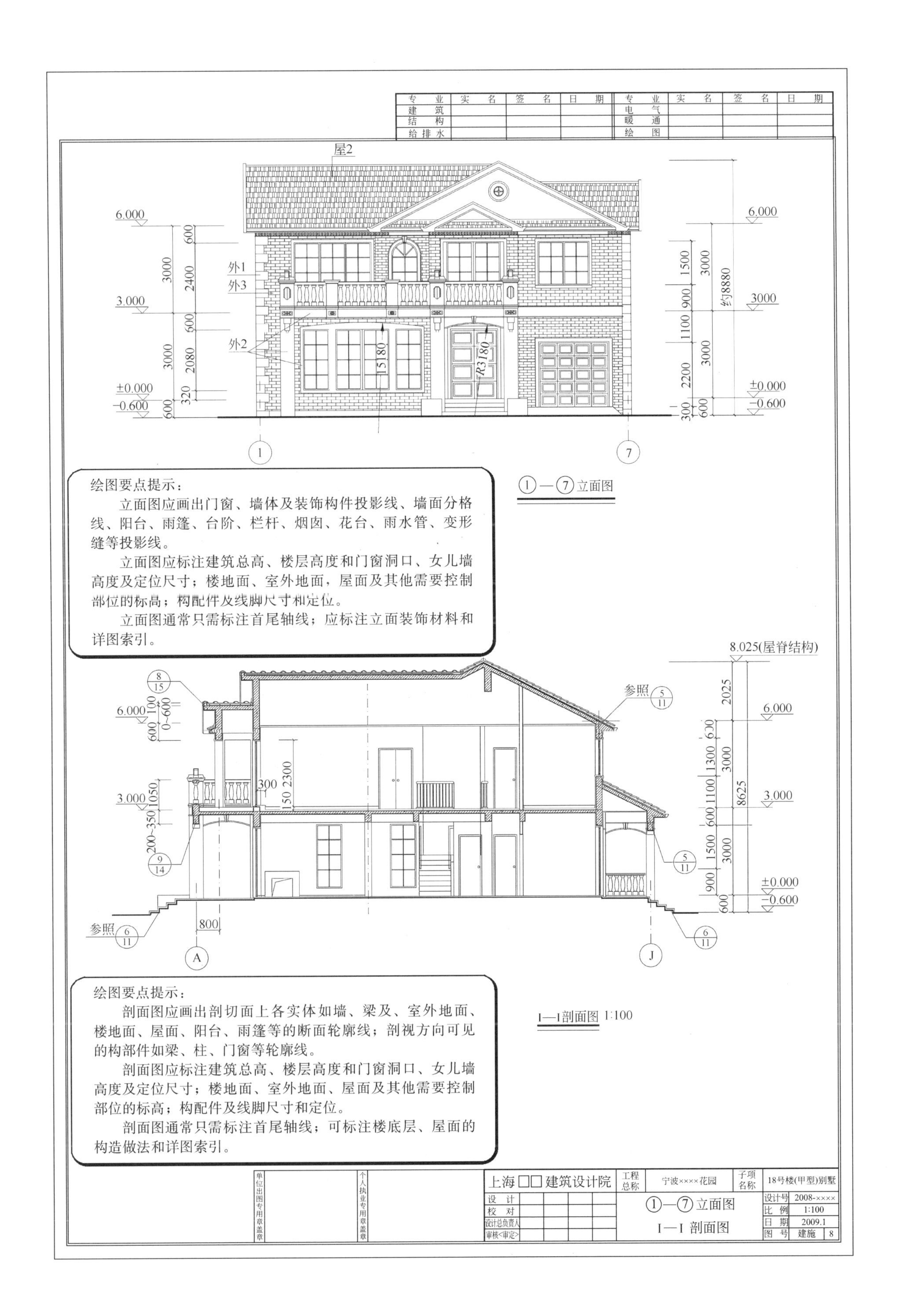
专 业
实 名
签 名
日 期
建 筑
结 构
给排水
电 气
暖 通
绘 图
屋2
外1
外3
外2
6.000
3.000
±0.000
−0.600
15180
R3180
约8880
①—⑦立面图
绘图要点提示：
立面图应画出门窗、墙体及装饰构件投影线、墙面分格线、阳台、雨篷、台阶、栏杆、烟囱、花台、雨水管、变形缝等投影线。
立面图应标注建筑总高、楼层高度和门窗洞口、女儿墙高度及定位尺寸；楼地面、室外地面，屋面及其他需要控制部位的标高；构配件及线脚尺寸和定位。
立面图通常只需标注首尾轴线；应标注立面装饰材料和详图索引。
8.025(屋脊结构)
参照
I—I剖面图 1:100
绘图要点提示：
剖面图应画出剖切面上各实体如墙、梁及、室外地面、楼地面、屋面、阳台、雨篷等的断面轮廓线；剖视方向可见的构部件如梁、柱、门窗等轮廓线。
剖面图应标注建筑总高、楼层高度和门窗洞口、女儿墙高度及定位尺寸；楼地面、室外地面、屋面及其他需要控制部位的标高；构配件及线脚尺寸和定位。
剖面图通常只需标注首尾轴线；可标注楼底层、屋面的构造做法和详图索引。
上海□□建筑设计院
工程总称
宁波××××花园
子项名称
18号楼(甲型)别墅
设 计
校 对
设计总负责人
审核(审定)
①—⑦立面图
I—I 剖面图
设计号 2008-××××
比 例 1:100
日 期 2009.1
图 号 建施 8
单位出图专用章盖章
个人执业专用章盖章

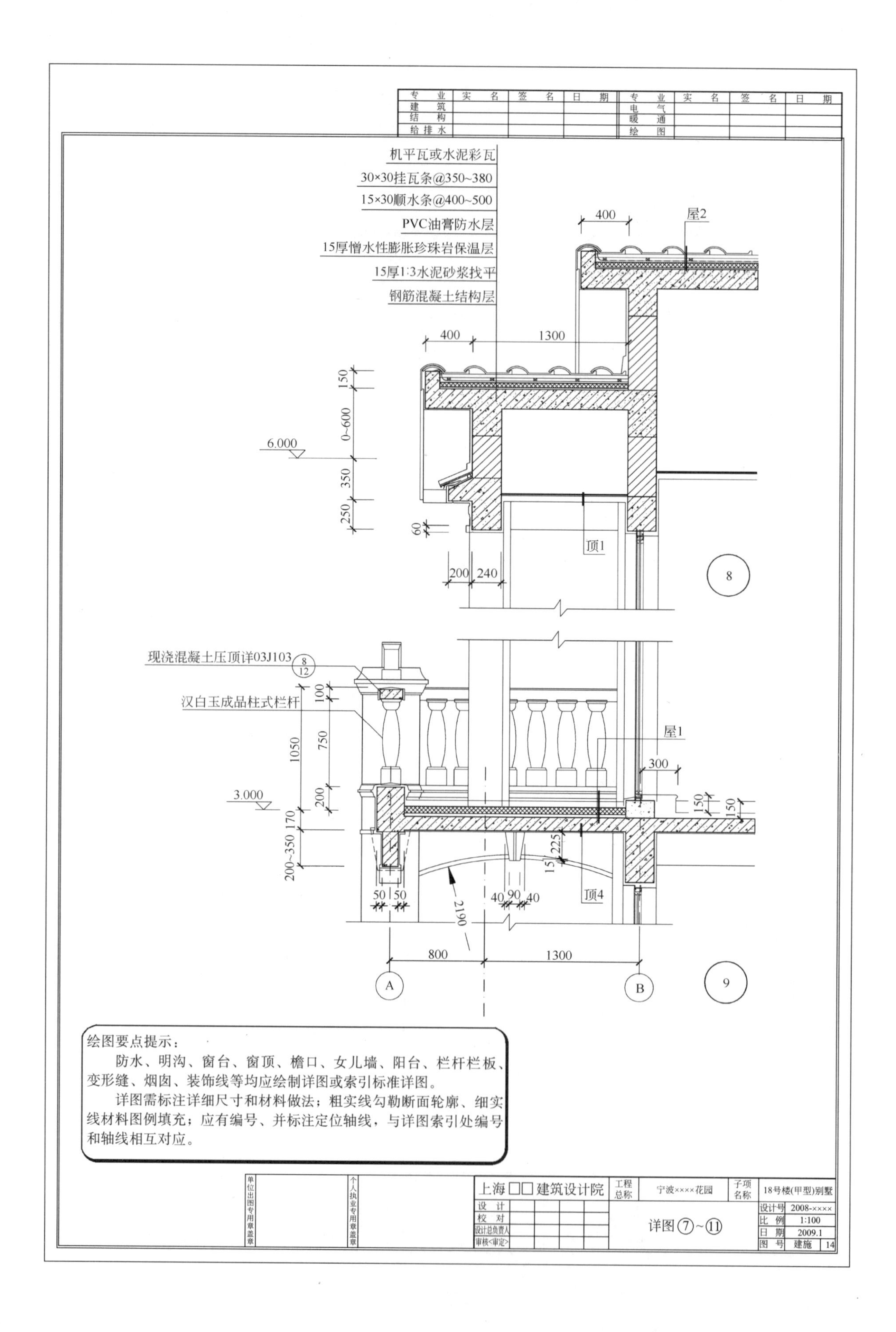

专业 实名 签名 日期 专业 实名 签名 日期
建筑 电气
结构 暖通
给排水 绘图
机平瓦或水泥彩瓦
30×30挂瓦条@350~380
15×30顺水条@400~500
PVC油膏防水层
15厚憎水性膨胀珍珠岩保温层
15厚1:3水泥砂浆找平
钢筋混凝土结构层
400
屋2
400
1300
150
0~600
6.000
350
250
60
顶1
200 240
8
现浇混凝土压顶详03J103
汉白玉成品柱式栏杆
100
1050
750
200
3.000
170
200~350
屋1
300
150
150
225
15
50 50
40 90 40
2190
顶4
800
1300
A
B
9
绘图要点提示：
防水、明沟、窗台、窗顶、檐口、女儿墙、阳台、栏杆栏板、变形缝、烟囱、装饰线等均应绘制详图或索引标准详图。
详图需标注详细尺寸和材料做法；粗实线勾勒断面轮廓、细实线材料图例填充；应有编号、并标注定位轴线，与详图索引处编号和轴线相互对应。
单位出图专用章盖章
个人执业专用章盖章
上海□□建筑设计院
工程总称
宁波××××花园
子项名称
18号楼(甲型)别墅
设计
校对
设计总负责人
审核<审定>
详图⑦~⑪
设计号 2008-××××
比例 1:100
日期 2009.1
图号 建施 14

第 4 章　建筑的演变——追溯建筑

4.1　中国古代建筑

4.1.1　中国古代建筑的发展

● 上古时代及原始社会建筑

我国古代建筑经历了上古时代、原始社会、奴隶社会、封建社会几个发展阶段。从上古时代到原始社会时期，我们的祖先利用木材、石材等天然材料，从穴居、巢居开始，逐步地掌握了营造房屋的技术，创造了原始的木构架建筑体系，形成了最早的居住形态。穴居和巢居这两种原始的木构架结构，奠定了我国古代建筑结构体系上的基本特征，在长达四五千年的历史长河中一脉相传。传统木结构建筑至今还在全国各地的城乡区域普遍使用(图 4-1)。

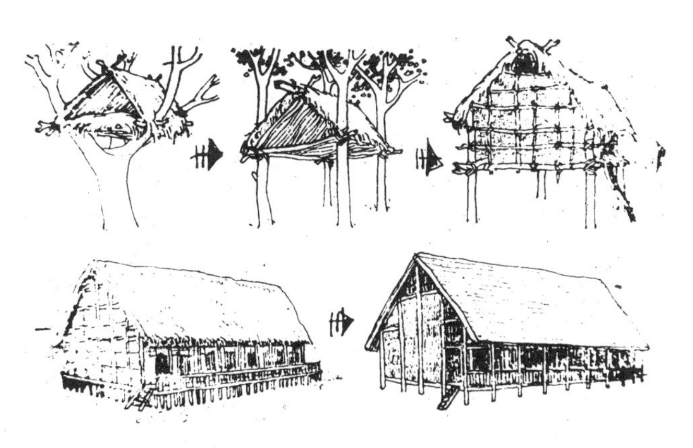

图 4-1　巢居的演变

我国的原始社会时期是指从原始人群开始出现(大约距今约 170 万年前)，一直到夏朝建立(公元前 2070 年)这一漫长的历史时期。大约六七千年前，我国广大地区都已进入氏族社会。浙江余姚河姆渡建筑遗址第四文化层距今六千九百余年，发现大量方桩、圆桩、梁、柱等木构件，并带有榫卯结构，是我国已知最早采用榫卯技术的木结构房屋实例(图 4-2)。

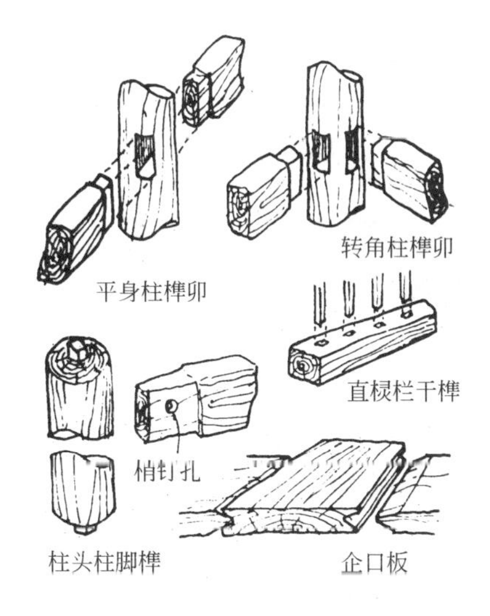

图 4-2　浙江余姚河姆渡遗址带榫卯的建筑构件

原始社会时期在黄河流域出现了大量穴居，有横穴、竖穴和半穴居三种主要类型。陕西西安半坡村遗址、陕西临潼姜寨仰韶文化村落遗址等，都有居住区、窑场、墓葬区规划分区，居住区以小穴居围绕方形的大房子，反映了氏族生活状况。原始社会晚期出现套间式穴居，是家庭私有制痕迹的表现(图 4-3)。

● 夏、商、周建筑

夏朝的建立标志着中国进入奴隶社会。从宫殿考古可知，夏至商早期的建筑群组合以规整的廊院式为主，中国传统院落式建筑群组合已经逐渐走向定型。商朝后期，奴隶主们开始建造大规模的宫室和陵墓。瓦的发明是西周在建筑上的突出成就，西周晚期，有的建筑屋顶已经全部铺瓦，摆脱了“茅茨土阶”的简陋状态，奠定了中国传统建筑以木、土、瓦、石为基本材料的营造传统。春秋时期，统治阶级营造的城市以宫殿为中心，把宫殿建造在高大的夯土台上形成台榭建筑。以阶梯形夯土台为核心，逐层架立木结构建筑周边环绕，形成体量庞大的台榭建筑外观，反映出春秋时期木结构建筑还不

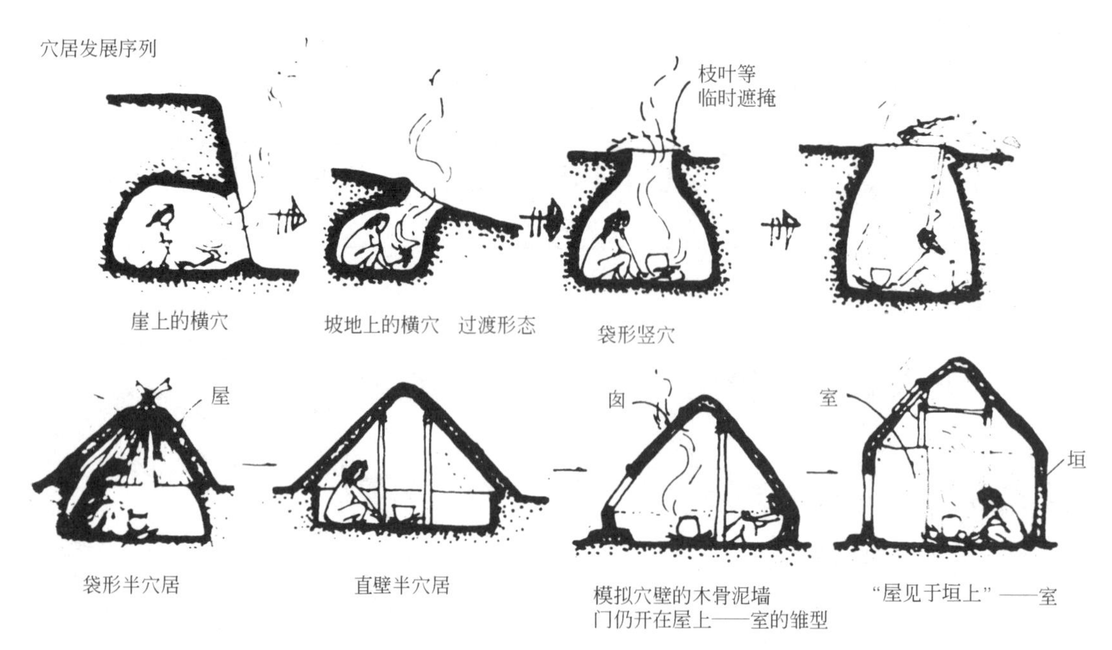

图 4-3 穴居的发展过程

能解决大体量、大跨度的问题。经过商、周时期的发展演变，木构架建筑体系成为中国古代建筑的主要结构方式(图 4-4、图 4-5)。

图 4-4 商代盘龙城示意图(杨鸿勋复原)

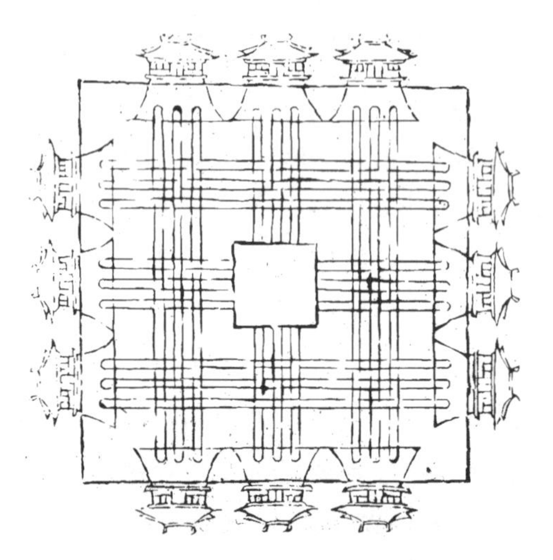

图 4-5 《考工记・周礼》中的王城规划

● 秦、汉建筑

战国时期进入封建社会，出现了一个城市建设的高潮，城市的规模更大，高台建筑更为发达。宫殿建筑具备了取暖、排水、冷藏、洗浴等一系列设施。铁制工具的应用使木结构建筑的施工质量和结构技术大大提高，筒瓦和板瓦在宫殿建筑中广泛使用，制砖技术也达到相当高的水平(图 4-6、图 4-7)。

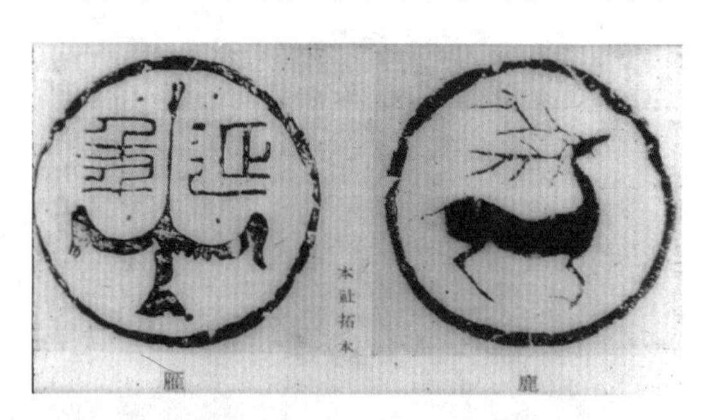

图 4-6 战国时期的瓦当

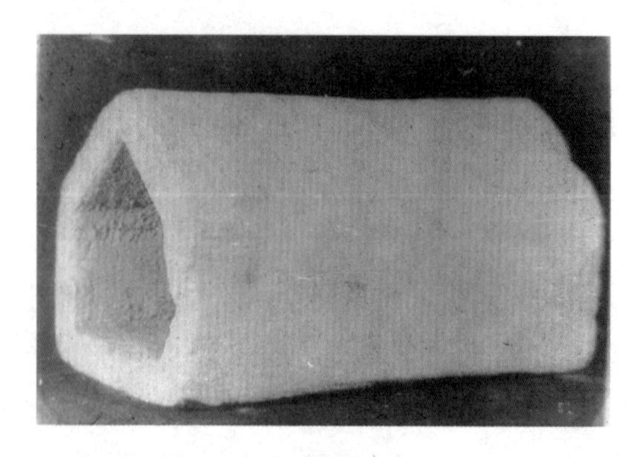

图 4-7 战国秦咸阳宫殿陶管

秦灭六国，建立了中国历史上第一个统一的国家。秦国耗费巨大的财力和人力，完成了规模空前的都城、宫殿、陵寝、长城等巨大工程，从阿房宫遗址、秦始皇陵遗址可见秦时建筑的恢宏气势(图4-8)。

图4-8　秦始皇陵及兵马俑

两汉时期是中国古代建筑发展的第一个高峰时期。在城市建设方面，出现了面积达36平方公里的超大城市(相当于公元4世纪罗马城的2.5倍)都城长安，以及洛阳、临淄、邯郸、江陵等繁华的商业城市。建筑基本类型更加丰富，除了宫殿、陵寝、苑囿等皇家建筑和普通民居居住建筑，明堂、辟雍、宗庙等礼制建筑已十分完善。随着东汉时期佛教的传入，还出现了佛教寺庙建筑。自然山水式风景园林也在秦汉时期开始兴起(图4-9、图4-10)。

图4-9　汉画像砖中的建筑形象

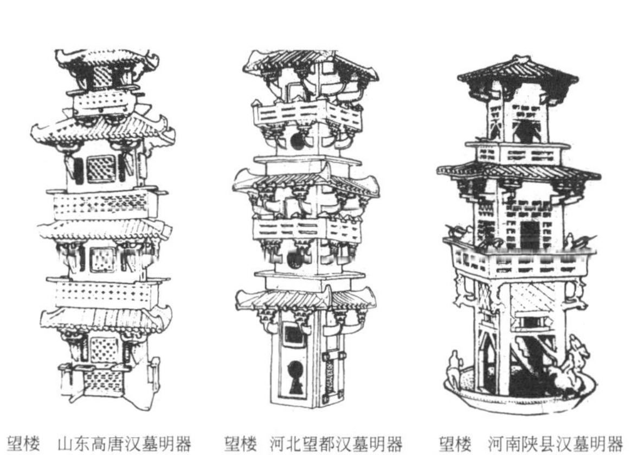

望楼　山东高唐汉墓明器　　望楼　河北望都汉墓明器　　望楼　河南陕县汉墓明器

图4-10　汉代明器陶楼

建筑的突出表现是木构架体系渐趋成熟，砖石建筑和拱券结构有了很大发展。根据当时的画像砖、画像石、明器陶屋等实物可见，抬梁式和穿斗式两种主要木结构形式已经形成。作为中国古代木构架建筑重要组成部分的斗栱，在汉代已经普遍使用，从东汉的画像砖、明器和石阙上，都可以看到各种斗栱形象。屋顶形式以悬山顶和庑殿顶最为普遍，攒尖、歇山与囤顶等多样化屋顶形式也已出现。在制砖技术和拱券结构方面，汉代也有了巨大进步。战国时创造的大块空心砖，大量出现在河南一带的西汉墓中。西汉时还创造了楔形的和有榫的砖。到了东汉，纵联拱成为主流，并出现了在长方形和方形墓室上砌筑的砖穹窿顶。

我国的石建筑在东汉时期有了突飞猛进的发展。贵族官僚们除了用砖拱做规模巨大的墓室外，还在岩石上开凿石墓，或利用石材砌筑梁板式墓或拱券式墓。从各地汉墓来看，东汉墓的石材加工水平比西汉更为精致，技术更高。至于地面的石建筑，则主要是贵族官僚的墓阙、墓祠、墓表，以及石兽、石碑等遗物(图 4-11)。

四川雅安县高颐墓阙立面图

图 4-11　四川雅安东汉高颐墓阙

- 三国、两晋、南北朝建筑

从东汉灭亡到隋朝建立的 350 多年中，经历魏、蜀、吴三国，两晋、十六国，南北朝三个历史时期，在长期的分裂争斗中促进了民族大融合和建筑文化大交流，同时也是域外文化输入及宗教建筑的酝酿与发展时期。这一历史阶段为隋、唐时期的建筑新发展奠定了基础。

建筑的发展主要表现在：

第一，佛教的盛行和佛寺、佛塔、石窟寺建筑的兴盛。佛教在东汉初就已传入中国。封建帝王利用佛教作为精神统治工具，建造了大量的佛教建筑，出现了许多巨大的寺、塔、石窟和精美的雕塑、壁画。南朝建康城中的佛寺就有 500 多所，北魏洛阳有佛寺 1300 多所。佛塔有楼阁式、密檐式、金刚宝座式、亭阁式等多种形式。石窟寺有以塔为中心的塔院型，以佛像为供奉主体的佛殿型和在窟内开若干小窟的僧院型。这些佛教建筑都是当时工匠们将中国原有建筑艺术精华结合外来文化而创造的辉煌成就(图 4-12)。

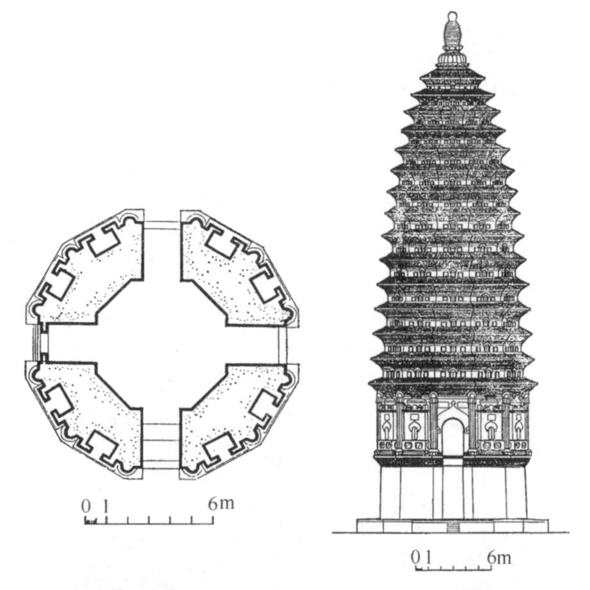

图 4-12　河南登封北魏嵩岳寺密檐塔

第二，自然山水式风景园林的发展。南北朝时，除帝王苑囿外，建康与洛阳都有不少官僚贵族的私家宅园。这些宅园深受玄学影响，在园中开池引水、堆土为山、植林聚石，构筑亭台楼阁，极力摹仿自然山水风景，完成了造园观念模仿自然从大尺度的形式向小尺度的神似的过渡。

第三，汉族席地而坐和使用低矮家具的传统受到西北少数民族的影响，开始垂足而坐和使用高足家具，由此引发了中国古代建筑室内空间在尺度和景观上的演变。

● 隋、唐、五代建筑

隋、唐是中国封建社会发展的鼎盛时期。隋朝统一中国，开凿南北大运河，促进了以后中国南北地区经济文化的交流。隋朝兴建了都城大兴城和东都洛阳，为唐都城长安和东都洛阳的建设奠定了基础。建于隋大业年间的河北赵县安济桥，是世界上最早出现的敞肩拱桥(图 4-13)。

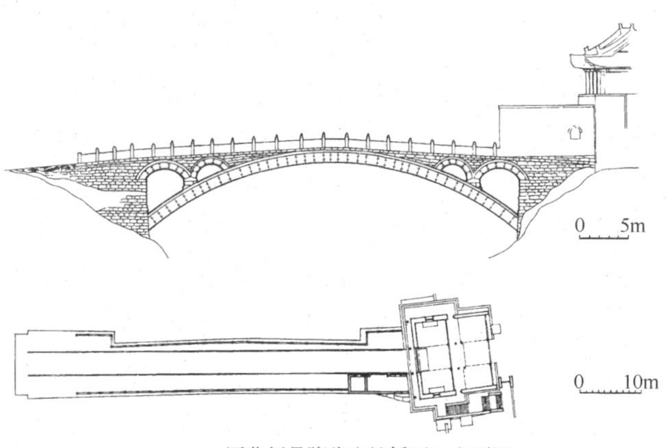

图 4-13 隋代河北赵县安济桥

唐代在全面继承隋代建筑成就的基础上，建筑技术和艺术有了巨大发展和提高，主要有以下成就和特点：

第一，城市规划规模雄伟。唐长安城是世界古代史上最大的城市，宫城面积是明清北京紫禁城的6倍。长安城的规划布局严整，里坊制城市格局发展到顶峰(图 4-14)。

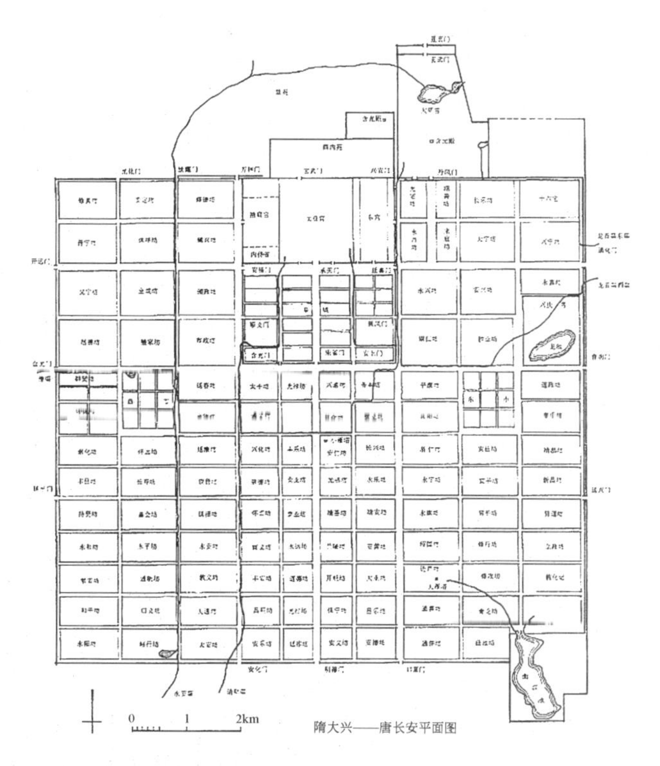

图 4-14 唐长安城规划布局

第二，建筑群体的布局日趋成熟。在城市规划以及宫殿、寺庙、陵墓等建筑组群的布局中都注重空间的组合，突出群体建筑的纵深轴线(图 4-15～图 4-17)

第三，木建筑解决了大面积、大体量的技术问题，并已定型化。大体量建筑已经不需要依赖夯土高台外包小体量木结构建筑的办法来解决，如大明宫麟德殿就是面阔 11 间、进深 17 间的规模庞大的木结构殿堂建筑。木构件的形式和用料已经呈现规格化的模式，斗栱的结构功能完善，标志着木结构体系已经发展成熟。建筑技术分工和施工管理水平也大大提高。

第四，砖石建筑有了进一步发展，砖石佛塔已经形成楼阁式、密檐式和亭阁式三种主要类型，部分砖石塔的外形及细部处理开始向模仿木结构的形式发展。

第五，建筑技术与艺术完美融合。木构架结构功能和艺术加工统一和谐，体现出雄浑、豪健、疏朗的风貌。

五代时期黄河流域经历了后梁、后唐、后晋、后汉、后周五个朝代，而其他地区先后有十个地方割据的政权，中国再次陷入分裂战乱的局面。只有长江下游的南唐、吴越和四川地区的前蜀、后蜀战争较少，建筑仍有发展。五代时期在建筑上主要继承唐代传统，很少新的创造。

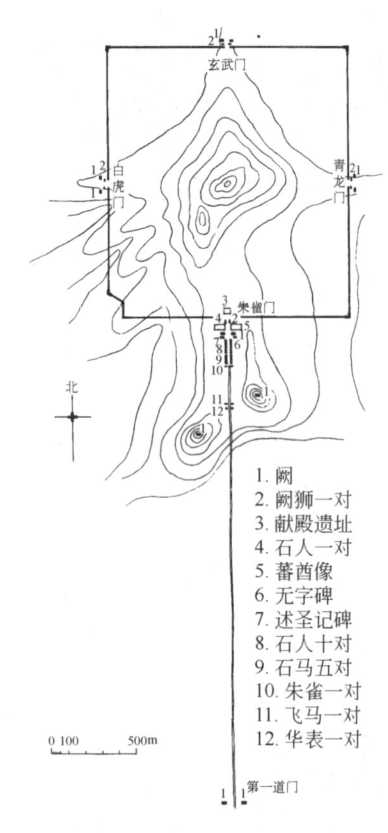

● 图 4-15　唐乾陵平面图

● 图 4-16　唐乾陵景象——梁山北峰双阙

● 图 4-17　唐乾陵神道

● 宋、辽、金建筑

中国木构架建筑体系经过唐代的粗犷成熟期后，在宋、辽、金时期经历了精致化的磨炼。宋代是中国封建社会建筑发生较大转变的时期，并影响以后元、明、清几朝的建筑。宋代分为两个时期：北宋时期，与辽对峙于华北北部；南宋时期，金灭辽，将宋室挤压到淮河以南。尽管如此，在300多年的发展中，宋代经济文化仍繁荣发达，居先进地位。从《清明上河图》中可见北宋都城东京街巷商业繁华，建筑风貌丰富多彩。南宋退守江南，中原人口大量南移，使手工业、商业迅速发展，建筑水平也达到了新的高度。具体呈现以下几个方面的发展：

第一，城市结构和布局起了根本变化。确立于春秋至汉代的城市规划模式里坊制，经过三国至唐代的极盛期，经过长达1500多年的时间，在北宋时期宣告灭亡。北宋废除夜禁和里坊制，以开放式的商业街市取而代之，使宋代的城市风貌与唐以前的截然不同。

第二，建筑规模变小，建筑类型增加。宋代建筑无论组群还是单体，规模都比唐代小。建筑总体布局加强了进深方向的空间层次，呈现多进院落的布局，更好地衬托出主体建筑。商业建筑类型增多，各类商铺齐全，酒楼、茶坊、饮食店占很大比重。

第三，木构架建筑建立了古典的模数制，建筑技术取得重要进展。北宋时期政府颁布了建筑预算定额《营造法式》，目的是为了掌握设计与施工标准，节约营造开支，保证工程质量。规定了用材的规范和标准，把木构架建筑的用料尺寸分为八等，形成规整有序的古典模数制。《营造法式》对木构架建筑进行了规范化的总结，使建筑定型化达到严整缜密的程度(图 4-18)。

第四，建筑装修与色彩有很大发展。宋代手工业水平的提高及对奢华绚丽装饰风格的追求，使建筑装修更富于装饰性。明清时期的门窗装饰式样基本沿袭宋代做法。木构架上的彩画装饰十分华丽，室内装修及家具陈设也更加精致。

第五，砖石建筑的水平达到新高度。砖产量的提高使得砖石塔数量大大增加，宋代木塔已经较少采用，佛塔绝大多数是砖石塔，并且在外观上刻意追求仿木结构的外形和细节。砖塔运用发券技术，塔心与外墙连成整体，大人增强了塔体的牢固性和整体性。

第六，建筑风貌呈现明显的地域特色。辽、北宋、金、南宋位居中国不同地域，表现出各自的风貌特质。辽代主要在唐代北方地域上发展，建筑风格延续了唐风的雄健浑厚；北宋吸收齐鲁和江南文化，与汴梁地区风格相结合，创造出秀丽细腻的风貌；金代建筑在北宋建筑的影响下倾向于繁缛堆砌；南宋在北宋官式建筑的基础上，与江南地方传统相结合，风格秀雅绚丽，小巧精致(图 4-19)。

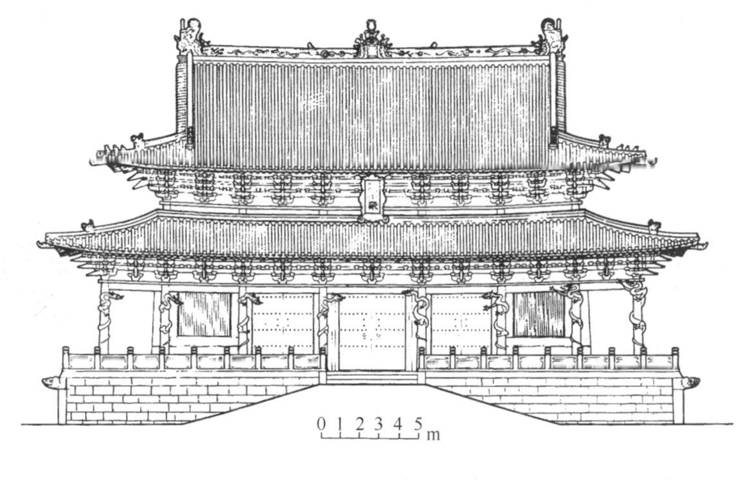

图 4-18　山西太原北宋晋祠圣母殿

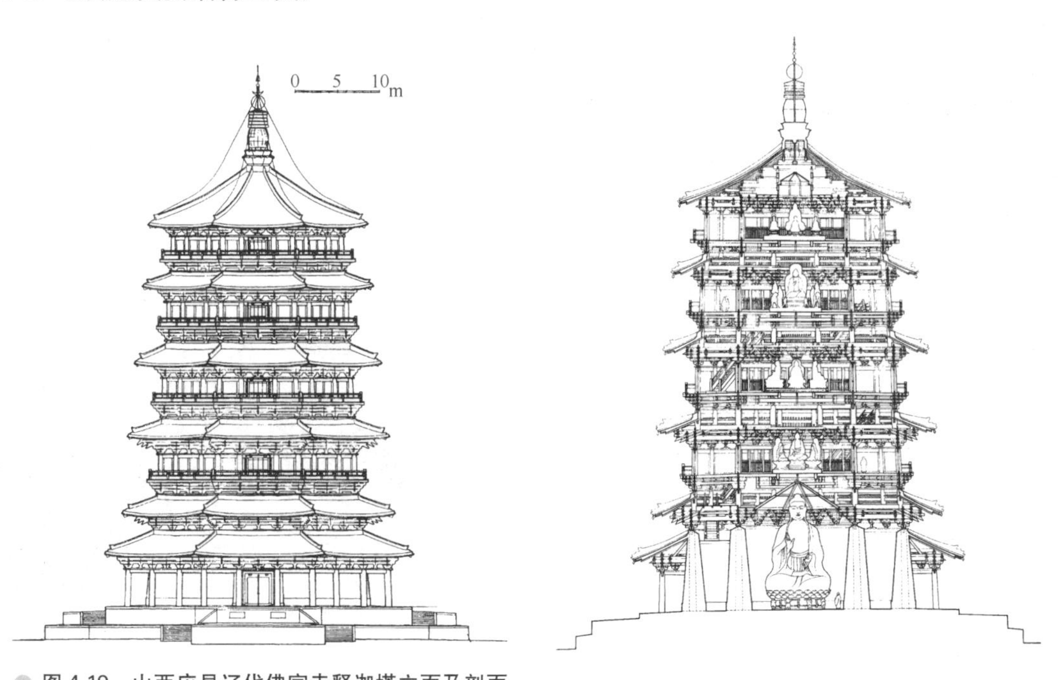

图 4-19　山西应县辽代佛宫寺释迦塔立面及剖面

第七，园林艺术更加兴盛。北宋都城有许多苑囿和私家园林，南宋王朝在临安、湖洲、平江等地也建造了大量园林别墅。

● 元、明、清建筑

元代中国再次得到统一，并建立了一个疆域广阔的军事帝国。蒙古贵族尊崇藏传佛教，促进了喇嘛教建筑的发展和汉、藏建筑的交流。来自中亚的伊斯兰教建筑在全国各地陆续兴建，也出现了中国传统建筑风貌的伊斯兰教建筑形式。中亚地区各民族的工匠带来了异域的文化气息，喇嘛教和伊斯兰教的建筑艺术逐步影响到全国各地，使当时的宫殿、寺庙、佛塔的造型及装饰风格呈现出异域风貌。喇嘛教建筑不仅在西藏有所发展，内地也出现了喇嘛教寺院，喇嘛塔还成为我国佛塔的重要类型之一。

元代在建筑上继承宋、金的传统，但在规模与质量上都不及两宋，尤其在北方地区，一般寺庙建筑做工粗糙，用料草率，常用弯曲的木料做梁架构件，许多构件被简化了。当然这些变化产生的后果不完全是消极的，因为两宋建筑已趋向繁缛华丽、装饰细密，元代的简化措施除了节省木材外，还使木构架加强了本身的整体性和稳定性(图 4-20)。

● 图 4-20　至明代基本形成现有规模的曲阜孔庙

元代都城大都规模庞大、规划完整，是按街巷制创建的新都城，其富有规律的街巷布置与唐以前的里坊布局形成两种截然不同的居住区处理方式。元大都为明代北京城的建设奠定了基础。

明、清两代是中国历史上最后两个封建王朝，现存的中国古代建筑绝大多数都是明、清两代的遗存，建筑实物遗产类型众多、数量庞大、内容丰富。在城市建设上，明初定都南京，永乐年间迁都北京，明代北京城利用元大都原有城市改建而成，其完整的规划和恢弘的气势成为古代城市建设中的杰作。

随着经济文化的发展，明代建筑技术有显著的进步，建筑业趋向程式化、定型化，建筑规模不断扩大，主要表现在以下几方面：

第一，木构架建筑体系达到高度成熟的阶段。木构架体系加强了结构整体性，简化了梁柱组合方式，斗栱结构功能衰退，装饰功能增强，蜕变为托垫性、装饰性构件。

第二，砖已普遍用于民居砌墙。元代之前，木构架建筑的墙体以土墙为主，砖仅用于铺地、砌筑台基与墙基。明代砖产量大幅度增加，砖墙得以普及，出现了全部用砖拱砌成的防火建筑“无梁殿”，各地的城墙和许多地段的长城也开始用砖包砌筑(图 4-21、图 4-22)。

● 图 4-21　明长城局部鸟瞰

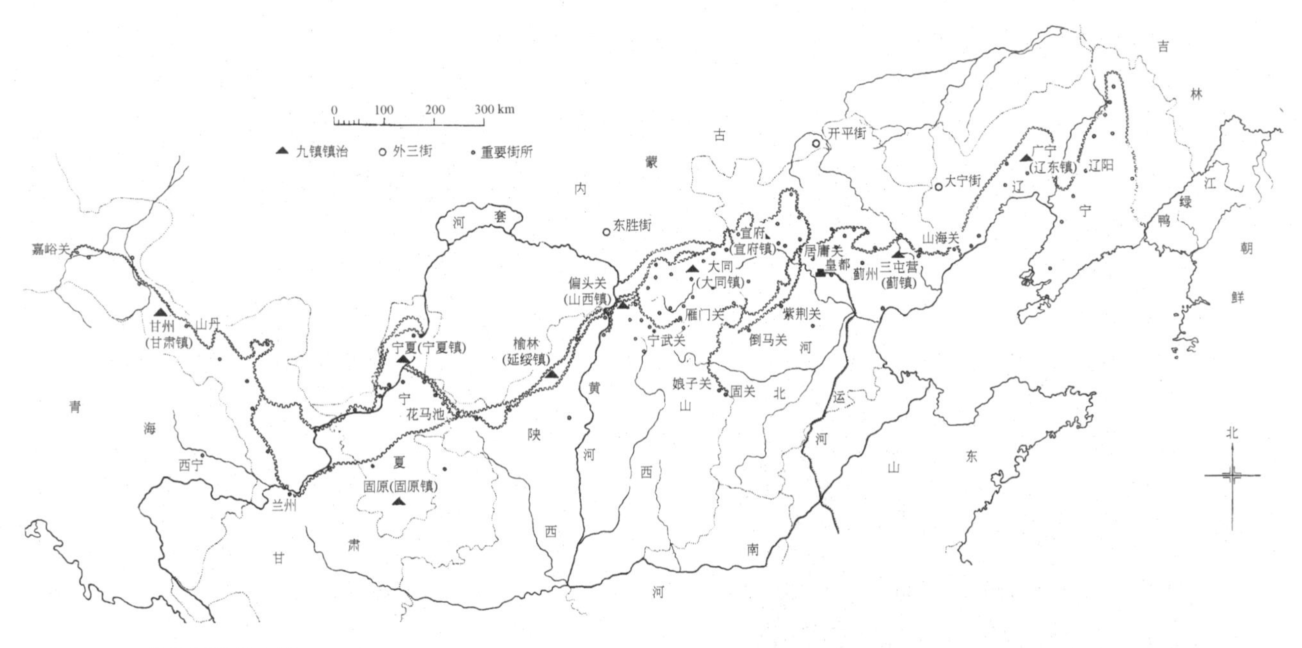

图 4-22　明代长城分布图

第三，琉璃面砖、琉璃瓦的质量提高了，应用面更加广泛。明代琉璃工艺水平提高，坯体质量提高，以高岭土代替了黏土，而且预制拼装技术、色彩质量与品种等方面都到达前所未有的水平，琉璃面砖广泛用于塔、门楼、照壁等建筑物的贴面。

第四，经过元代的简化，到明代形成了新的、定型的木构架，梁柱构架的整体性加强了。明代官式建筑形象严谨稳重，不像唐、宋建筑的舒展开朗。

第五，建筑群的布局更加成熟。宫殿、坛庙、陵墓等组群建筑遵从轴线关系，强调对称布局，北京故宫、天坛、十三陵等都是成功的建筑群布局实例(图 4-23、图 4-24)。

第六，官僚地主兴建私家园林蔚然成风，尤其在经济比较发达的江南一带，给后世留下了独具风韵的中国传统园林文化遗产(图 4-25、图 4-26)。

第七，官式建筑的装修、彩画日趋定型化，等级分明。定型化有利于成批建造，加速施工速度，但也使建筑形象趋于单调和重复。

清代在建筑上因袭明制，但也有一些发展。第一，园林的建造达到了极盛。清朝历代皇帝都喜好

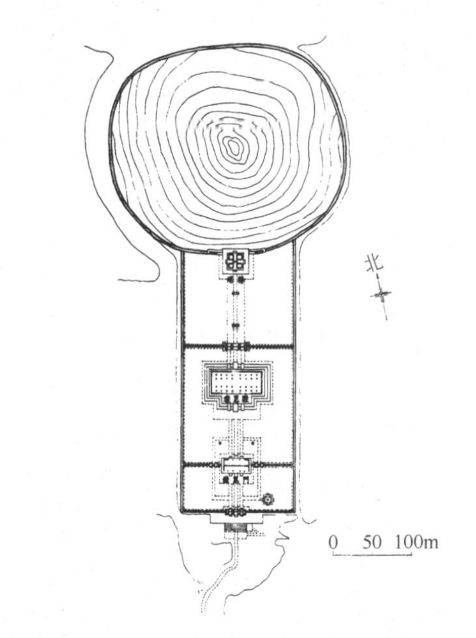

图 4-23　明十三陵长陵平面图

图 4-24　明长陵祾恩殿

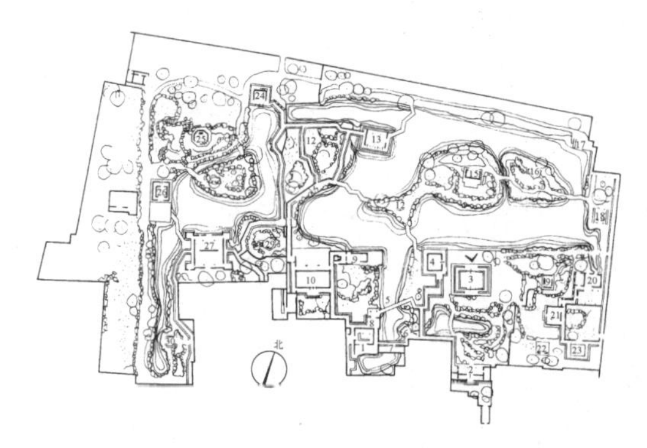

● 图 4-25　江苏苏州拙政园平面图

● 图 4-26　建于明正德年间的拙政园园景

园林，建造的帝王苑囿规模之大、数量之多，是任何朝代都无法比拟的。第二，是藏传佛教建筑的兴盛。由于蒙、藏民族的崇信和清朝的提倡，兴建了大批藏传佛教建筑，做法上采取平屋顶与坡屋顶相结合的办法，创造了丰富多彩的建筑形式。如顺治二年重新修建的西藏拉萨布达拉宫，以及在承德避暑山庄建造的11座喇嘛庙(俗称“外八庙”)。第三，单体建筑设计简化，装修水平提高。清代官式建筑在明定定型化的基础上，用官方规范的形式固定下来。清雍正十二年颁布的工部《工程做法则例》中列举了27种单体建筑的大木作法，还对斗栱、石作、瓦作等做法和用工、用料作了细致的规定。

明、清建筑继两汉、隋、唐及宋、辽、金、元建筑之后，成为中国封建社会建筑发展的最后一个高潮(图4-27～图4-31)。

● 图 4-27　明、清北京故宫鸟瞰

● 图 4-28　明、清北京故宫太和殿

图4-29　明、清北京故宫护城河及角楼

图4-30　承德外八庙鸟瞰

图4-31　承德外八庙烟雨楼景观

4.1.2　中国古代建筑体系、特征及基本类型

● 结构体系分类

中国古代建筑以木构架结构为主要的结构方式，创造了与这种结构相适应的各种平面和外观，从原始社会末期起，一脉相承，形成了一种独特的风格。中国古代木构架有抬梁式、穿斗式、井干式三种不同的结构方式，其中抬梁式使用范围较广，在三者中居于首位。

抬梁式木构架至迟在春秋时代已初步完备，后来经过不断提高，产生了一套完整的做法。这种木构架是沿着房屋的进深方向在柱础上立柱，柱上架梁，再在梁上重叠数层瓜柱和梁，最上层梁上立脊瓜柱，构成一组木构架(图4-32)。

穿斗式木构架也是沿着房屋进深方向立柱，但柱的间距较密，柱直接承受檩条的重量，以数层“穿”(枋木)贯通各柱，组成一组组的构架。它的主要特点是用较小的柱与“穿”，做成相当大的构架。这种木构架至迟在汉朝已经相当成熟，至今仍在南方及西南地区普遍使用。也有在房屋两端的山面用穿斗式，而中央各间用抬梁式的混合结构法(图4-33)。

井干式木构架是用天然圆木或方形、矩形、六角形断面的木料，层层累叠，构成房屋的壁体。早在商朝后期的陵墓中已经使用井干式木椁，周朝到汉朝的陵墓中长期使用井干式木椁，汉初宫苑中还有井干楼。从汉代西南少数民族的随葬铜器中可知，井干式结构的房屋既可直接建于地上，也可像穿斗式构架一样，建于干阑式木架之上。现在除东北、云南等少数林区之外已很少使用(图4-34)。

在上述三种结构形式以外，西藏、新疆、甘肃、云南等地区还使用密梁平顶结构。

● 构架体系特征

(1) 木构架建筑的优势

第一，承重与围护结构分工明确。中国的抬梁式木构架结构如同现代的框架结构一样，在平面上可以形成方形或长方形柱网。柱网的外围，可在柱

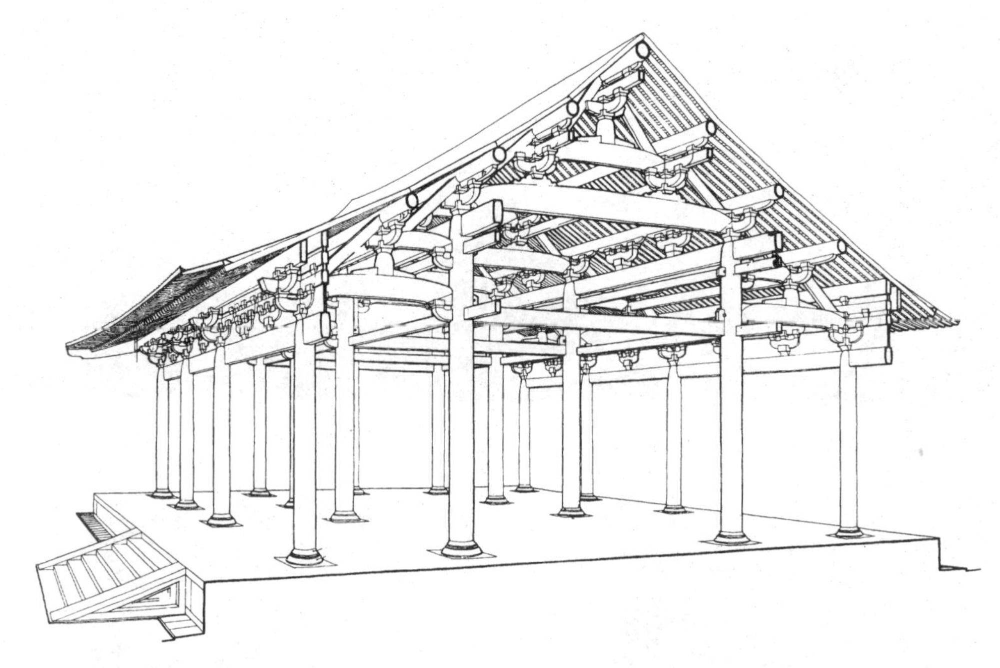

图 4-32　宋《营造法式》厅堂建筑的抬梁式构架示意图

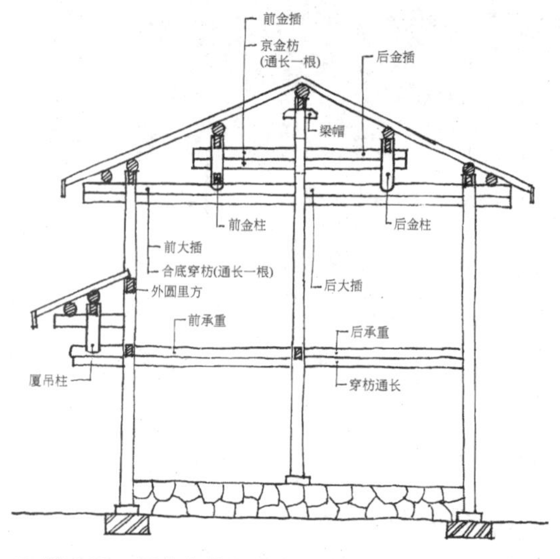

图 4-33　云南白族民居中采用的穿斗式构架

图 4-34　滇西北地区的井干式建筑及其木墙转角构造

与柱之间，按需要砌墙壁、装门窗。由于墙壁不负担屋顶和楼面的荷载，这就赋予建筑物以极大的灵活性，既可以做成各种门窗开启大小不同的房屋，也可做成四面通透、有顶无墙的亭榭。在房屋内部柱子之间，则用格扇、板壁等做成轻便隔断，可随需要装设或拆改，便于建筑的修缮与搬迁。中国历史上有预先制作结构构件运至现场安装的记载，也有不少将宫殿成批拆运再易地重建的记录。根据汉明器形象和唐长安遗址的发掘，以及某些地区的清代住宅遗存显示，也有在房屋内部用梁柱承重，而房屋四周用承重墙承重的方法。抬梁式木构架结构经过长期实践，成为中国建筑普遍使用的结构方式。穿斗式木构架的柱网处理虽不及抬梁式木结构那样灵活，但是在承重和围护结构的分工方面作用仍然一样。

第二，生态环保，便于适应不同的气候条件。无论抬梁式或穿斗式木构架的房屋，只要在房屋高度、墙壁与屋面的材料选取及厚薄处理、窗的位置和大小等方面加以变化，便能广泛地适应中国各地区寒暖不同的气候。

第三，有减少地震危害的可能性。木构架结构有木材具有的材性特性，而构架的节点所用斗栱和榫卯又都有伸缩余地，因而在一定限度内可减少由地震对木构架所引起的危害。

第四，材料供应方便，可就地取材。中国的木构架建筑在防火、防腐方面虽然有着比较严重的缺陷，可是在古代中国大部分地区内，木料比砖石更容易就地取材，可迅速而经济地解决材料供应问题，因此木结构广泛运用于宫殿、坛庙、陵墓、住居建筑、风景园林建筑之中，还用于各种梁式、悬臂式和拱式桥梁的建造。

(2) 木构架建筑的构件组合

木构架建筑由柱、梁、枋、檩、椽子、斗栱等多种构件通过榫卯关系组合而成。这些构件形状、大小、结构功能都不同，在构架中所处的位置也各不相同。木构架建筑的营造，就是把数以千计的各种木构件进行加工制作，做出构件的榫头和卯口，再把这些构件组合拼装成完整的木构架体系(图 4-35)。

图 4-35　宋《营造法式》殿堂建筑结构构架示意图

柱、梁、枋、檩、椽子

柱子是木构架体系中垂直承受上部荷载的主要构件。柱子根据所在的位置不同，有檐柱、金柱、中柱、山柱、角柱、童柱、擎檐柱等。根据外观造型的不同，又分为直柱、梭柱、瓜柱、束莲柱、盘龙柱等。

梁是水平放置的重要承重构件，承担屋面构架的全部重量，并将屋架荷载传递给柱子。梁根据所在的位置和跨度大小分为单步梁、双步梁、三架梁、五架梁、七架梁、顺梁、扒梁等，这些名称是梁架的清式称谓，在宋代建筑典籍《营造法式》中还有对应的相关称谓。梁根据外观造型不同又有直梁、月梁、圆作等。

枋是穿插在柱子之间的构件，或者并置于梁下与梁共同承重，辅助梁、柱组成整体相连的稳定构架。位于柱头之间的横向枋木在清代称为额枋，位于柱头顶、额枋上的枋木清代称为平板枋，其断面的发展变化是木构架建筑断代的重要根据。

檩条是直接承接屋面荷载的构件，并把荷载传递给梁、柱。檩根据在屋架上的位置，由低到高，在清代分别称为檐檩、金檩、脊檩。其中金檩根据所在位置不同分为下金檩、中金檩、上金檩等。

椽子是垂直搁置在檩条之上承受屋面保温材料及防雨材料重量的构件。按部位可分为飞檐椽、檐椽、花架椽、脑椽、顶椽等，椽档间距与瓦的大小有密切关系。

斗栱

斗栱是中国木构架建筑特有的结构构件，由方形的斗、升，矩形的栱，斜置的昂等构建组成。其结构作用是在柱子上承托悬挑出檐部分的屋面重量，并把大面积的屋面荷载经斗栱传递到柱子上。唐宋以前，斗栱的结构作用十分明显，布置疏朗，用料硕大；明清以后，斗栱的装饰作用加强，排列丛密，用料变小，但承重作用仍未丧失。斗栱是屋顶和屋身在立面上的过渡，集装饰作用与结构作用于一体。斗栱一般使用在高级的官式建筑中，作为封建社会中森严等级制度的象征和重要建筑的尺度衡量标准(图 4-36)。

斗栱按照所在柱子上的位置，主要分为柱头斗栱(宋代称柱头铺作、清代称柱头科)，柱间斗栱(宋代称补间铺作、清代称平身科)，转角斗栱(宋代称转角铺作、清代称角科)。

图 4-36　斗栱模型示意

斗栱最早的形象见于周代铜器。从汉代的画像砖、壁画、明器中可见斗栱形式已经很多，处于百花齐放的发展阶段，虽然还没有完全成熟，但其基本特征已经形成，并对斗栱的进一步的发展奠定了基础。唐代是斗栱发展的又一重要阶段，柱头斗栱结构已经相当完善，并且使用了下昂，总的形制和后代相差不远，但柱间斗栱仍比较简单，保留了两汉、南北朝以来的人字栱、斗子蜀柱和一斗三升的做法，其结构作用仅作为阑额和柱头枋之间的支承，出檐重量大部分由柱头斗栱承担。斗栱发展到宋代已经成熟，转角斗栱已经完善，柱间斗栱和柱头斗栱的尺度已经统一，在结构上的作用也发挥得较为充分，内檐斗栱出现了上昂构件，规定了材的等级，并把材和栔作为建筑尺度的衡量标准。金、辽继承唐、宋的形制，但又有若干变化，如在斗栱中使用了 45 度和 60 度安置的斜栱、斜昂等。元代起斗栱尺度渐渐变小，普遍使用假昂。明清斗栱尺度更小，结构作用大大减弱，柱间斗栱的数量由宋代的一至两个增加到四到八个，而且都使用假昂，装饰点缀作用更强。

● 单体建筑造型

(1) 立面造型

中国古代单体建筑，由台基、墙身和屋顶三个部分组成。台阶、踏道与栏杆是建筑的基础部分，高级别建筑基础做成装饰性很强的须弥座台阶，甚至是三层须弥座台阶，以衬托建筑的宏伟和高耸。墙分外墙与内隔墙，内外墙都不承重，中国传统建筑有“墙倒屋不塌”的说法，梁柱及屋面构架才是真正的承重结构体系。外墙材料以夯土墙、土坯砖墙和砖墙为主，内隔墙通常是木质隔板墙。

屋顶是中国古代建筑立面造型的重要组成部分。几种基本的屋顶形式包括庑殿顶、歇山顶、悬山顶、硬山顶、攒尖顶等。各种屋顶又有单檐和重檐的形式，重要的建筑往往做成重檐屋顶来突显建筑的尊贵(图 4-37～图 4-41)。

图 4-37　庑殿顶

图 4-38　歇山顶

图 4-39　悬山顶

图 4-40　硬山顶

图 4-41　攒尖顶

庑殿顶，宋代称四阿顶，又称五脊殿，由正脊和四条垂脊组成，是中国古代建筑中最高级的屋顶式样。一般用于皇宫、庙宇中主要的大殿，常用单檐，特别隆重的建筑用重檐庑殿。

歇山顶，宋代称九脊殿。是由两坡顶加周围廊形成的屋面式样，等级仅次于庑殿，由正脊、四条垂脊、四条戗脊组成。加上山面的两条博脊，则有十一条脊。

悬山顶，是两坡顶的一种，也是我国一般传统建筑中最常见的形式。有正脊和垂脊，也有无正脊的卷棚形式。基本特征是屋檐两山面悬伸在山墙以外，因而又称挑山或出山。

硬山顶，是两坡顶的一种，特点是屋面不悬出山墙以外，而被两端的山墙包裹。其山墙多用砖石墙，并高出屋面，墙头做出各种直线、折线或曲线形式，称作五花山墙、马头墙或猫拱背等，也有在山面出搏风板的做法。

攒尖顶，多用于面积不太大的建筑屋顶，如塔、亭、阁等。特点是屋面较陡，无正脊，而以数条垂脊交合于顶部，顶端以宝顶覆盖收头。

（2）平面布局

间

在平行的两组木构架之间，用横向的枋联络柱的上端，并在各层梁头和瓜柱上安置若干与构架垂直的檩条。在檩条上排列椽子承载屋面重量，同时檩条本身还具有纵向联系构架、增强结构稳定性的作用。这样由两组木构架形成的空间称为“间”，是建筑空间的基本单位。一座房屋通常有三间、五间，多至十一间，沿着面阔方向排列形成长方形的平面。

面宽与进深

房屋的总宽度称为通面阔，面宽方向可以分为正中的明间，两侧的次间、梢间和尽间。建筑山墙面的宽度称为进深，进深通常小于面宽。

平面形式

除矩形和正方形两种常见的平面形式之外，还可以根据具体需要，建造三角、正方、五角、六角、八角形和圆形、扇面形、万字形、田字形，以及其他特殊平面的建筑。

（3）装饰与装修

相对应于梁、柱等承重结构的大木作体系，门、窗、隔断等室内装修称之为小木作，包括外墙门、窗的制作和雕饰，室内屏风、花罩、碧纱橱等隔断的加工和制作。中国传统建筑非常重视门、窗、隔断的装饰作用，往往以华美的雕镂和精细的做工作为地位和财富的象征(图 4-42、图 4-43)。

天花

天花吊顶也属于小木作的装修范畴，起到美化、

图 4-42　故宫寝宫室内装修

图 4-43　故宫外朝室内装修

遮挡加工相对粗糙的屋顶结构构架的作用。水平式样的吊顶分为平暗顶、平棋顶两种形式，平暗顶是唐代及唐以前的常用天花形式，木格栅间距较小，格栅间的封板素色无装饰；明清时期的水平吊顶采用平棋顶，木格栅间距大，格栅及封板饰以华丽的彩画。藻井、卷棚顶是内凹式的吊顶。藻井常用在建筑的重要空间顶部，由层层出挑的斗栱搭接而成，饰以彩画，华丽精致，有圆形、六角形、八角形等多种形式。卷棚吊顶在南方的厅堂装饰中多见，也用在檐廊部位的装修，由弧形的椽子及椽子间的封板形成吊顶装饰(图 4-44)。

图 4-44　故宫室内装修中的藻井

彩画

彩画是中国古代木结构建筑的重要装饰手法，很早就开始出现，也是建筑等级划分的重要标志，随着时间的推移日趋华美繁缛。明清时期的主要彩画形式有和玺彩画、旋子彩画、苏式彩画三种。和玺彩画中饰以龙凤纹样，是宫殿建筑的专用彩画；旋子彩画以旋子花为装饰，适用于包括宫殿建筑在内的各种重要建筑；苏式彩画是江浙一带的常用彩画，色彩清雅，以花鸟人物装饰为主(图 4-45)。

图 4-45　梁、柱、斗栱彩画装修

雕饰

传统建筑的雕饰按材料不同分为木雕、砖雕、石雕、泥塑等类型，无论宫殿建筑、官式建筑还是民间建筑，都非常讲求雕饰的装饰效果。民居中的雕饰往往富于地方特色，蕴含各种吉祥图案和民间传说故事于其中。

● 建筑组群空间布局

以木构架结构为主的中国建筑体系，在平面布局方面具有一种简明的组织规律，就是以“间”为单位构成单座建筑，再以单座建筑组成庭院，进而以庭院为单元，组成各种形式的组群。早在商朝的宫殿已有成行的柱网，可能当时已产生了“间”的概念。一座建筑的间数，除了少数早期的建筑例外，一般都采用奇数间数。

单座建筑的平面布置，在很大程度上取决于使用者的政治地位、经济状况以及建筑功能方面的要求，因而殿阁建筑、殿堂建筑、厅堂建筑、亭榭建筑，与一般房屋的柱网有很大的区别。越是等级级别高的单体建筑平面柱网布局越是整齐，级别较低的普通房屋柱网布局则有很多因地制宜的变化。

中国古代建筑的庭院与组群的布局，大都采用均衡对称的方式，沿着纵轴线与横轴线进行布局。其中多数以纵轴线为主要轴线，横轴线为辅助轴线，但也有纵横二轴线都是主要轴线，或者只是一部分有轴线，甚至完全没有轴线的灵活多变的建筑布局方式(图 4-46)。

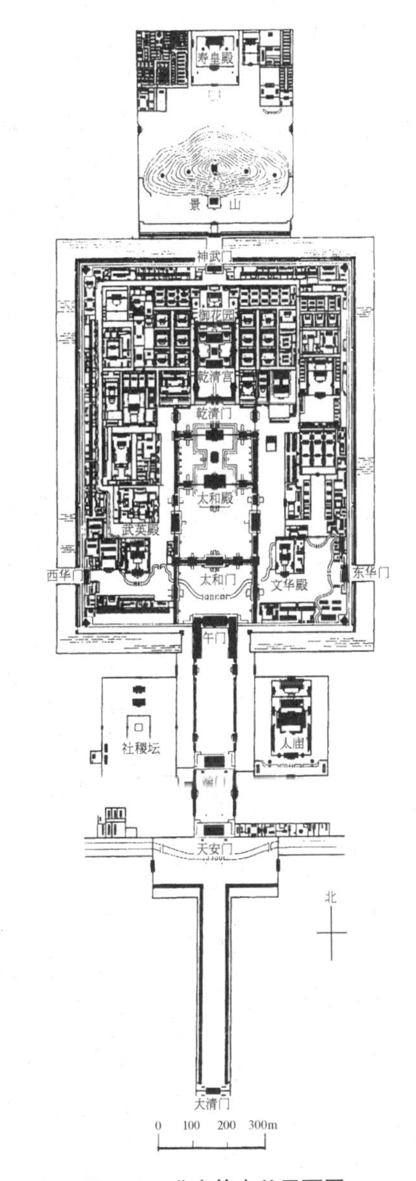

图 4-46　北京故宫总平面图

庭院布局可分为两种。一种是四合院的布局方法。在纵轴线上先安置主要建筑，再在院子的左右两侧相对布局厢房形成三合院。如果在主要建筑的对面再建一座次要建筑，构成正方形或长方形的庭院，则称为四合院。四合院的庭院布局在宫殿、衙署、祠庙、寺观、住宅中应用广泛。另一种是廊院式庭院布局，在纵轴线上布局要建筑及次要建筑，再在院子左右两侧，用回廊将前后两座建筑连成为方形或矩形平面的“廊院”。廊院建筑的布局手法可收到艺术上大小、高低、虚实、明暗的对比效果，同时回廊各间装有直棂窗，可向外眺望，扩大空间的视觉通透性。它的使用范围，自汉至宋代、金代，常见于宫殿、祠庙、寺、观和较大的住宅之中。唐代后期又出现了具有廊庑的四合院，它既保留廊院的一部分特点，而使用面积较大，显然比廊院更切合实用，所以从宋朝起，宫殿庙宇、衙署和住宅采用廊庑的逐渐增多，而廊院日少，到明清两代几乎绝迹。

当仅有一个院落，不能满足使用需要时，通常采取纵向扩展、横向扩展或纵横双方都扩展的方式，构成各种模式的建筑组群。汉以来有很多在纵横两种轴线上都采取对称方式的组群。它以体形巨大的建筑为中心，周围以庭院环绕，外用矮小的附属建筑、走廊或围墙构成方形或圆形的院落轮廓，也有在前部再加纵深向建筑组群的做法。对于不位于同一轴线上的建筑组群，如中国古典园林建筑，往往以弯曲的道路、走廊、桥梁作为联系，同时配合地形，建造对称与不对称的、灵活布局的建筑组群，形成园林建筑的特色。

● 中国古代建筑模数化体系

宋代由政府刊行的建筑典籍《营造法式》(1103年)，是中国现存最早的，也是最完善的一部建筑技术典籍。其中包括了宋代的建筑模数制度，以及建筑设计、用料、施工管理组织等等方面的系统知识。清代由工部及内务部主编的建筑典籍《工程做法》(1734年)，是继宋《营造法式》之后由官方颁布的又一部系统完整的建筑营造典籍，全书严格贯穿着模数制度。

宋《营造法式》和清工部《工程做法》规定的两套古典模数制，基本模数单位都采取斗栱中的构件尺度为标准。《营造法式》的材分制规定："材分八等，凡造屋之制皆以材为主"，"度屋之大小因而用之"。材高15分宽10分，呈3∶2的断面高宽比例，材的高宽就是栱的断面高宽尺度。整座建筑，一旦用材的等级和尺度定下来，各种构件的尺度都以材为基本单位进行加工制作。《工程做法》的斗口制规定，以斗口作为模数体系的基本单位，分为十一等，斗口是坐斗的宽度。清代的斗口模数制的使用比宋代的材分模数制规定更加详细，也有更明显的改进。《营造法式》和《工程做法》两套古代建筑典籍是我们研究中国古代建筑的重要法典。

● 工官制度

中国古代的工官制度主要指由国家政务机构掌管统治阶级的城市和建筑设计、征工、征料与施工组织管理，同时对于总结经验、统一做法实行建筑"标准化"，对古代建筑技术的保存和发展起到一定的推进作用，如宋《营造法式》的编著就是工官制度的产物。

"工"这一词最早见于商朝的甲骨文卜辞中，即当时管理工匠的官吏。《周易》与《左传》也都记载周王和诸侯设有掌管营造工作的司空。自此以后各个朝代都因袭这种制度，在中央政权机构内设将作监、少府或工部，管理皇家宫室、坛庙、陵墓、城堡以及水利等工程的设计、施工，成为不可缺少的政务部门之一。由此可见，在中国历代国家机构的组织形式中，建筑事业与工官制度占有重要的地位。

工官的职务，首先是主持建筑工程的设计；其次，工官同时掌管估计建筑的用工用料，并管理组织施工的全过程；再次，工官还担负主要建筑材料的征调、采购和制造的职责。至于专业的匠师，则被封建统治者编为世袭的户籍，子孙不得转业。从唐朝起，除了大规模征调匠师、民工以外，已经有雇匠人的方式。明代中叶以后，雇佣匠人的方式逐渐代替了征工，并出现了私营的包工商。到清朝，政府所直接掌握的工匠已经为数很少，而包工商则大量出现。这是中国建筑业生产关系的一个重要转变。

● 中国古代建筑的基本类型

中国古代建筑的分类，按照类型学从大到小的秩序，分为城市、住宅与聚落、园林、宫殿、坛庙、陵墓、宗教建筑等类型。其中，城市建设包括从都城到地方城市的选址及营造理念、规划布局等因素，以隋唐长安城、明清北京城为代表；住宅与聚落广泛存在、历史悠久，根据不同地域、不同民族的特征而各有特色；园林建筑分为皇家园林和私家园林两大类，是中国古代建筑是代表性类别，体现了"天人合一"的宇宙观、"物我一体"的自然观等古代哲学理念于其中；宗教建筑及宫殿、坛庙、陵墓是由统治阶层有计划进行建造的大型纪念性建筑物，反映了建筑建造时期的最高技术和艺术水平(图4-47、图4-48)。

图 4-47　北京天坛祈年殿

图 4-48　北京天坛寰丘

住宅建筑是人类最早使用的建筑类型，中国早在原始社会时期就开始有了天然洞穴、木结构的巢居，以及以木骨泥墙构筑的穴居和半穴居等居住模式。中国幅员辽阔、民族众多，顺应不同的气候环境、地理状况，各民族人民从古至今创造了丰富多样的民居建筑，这些不同类型的民居建筑因地制宜、因材施用、结构合理、营造技术先进，是中国古代建筑中的重要类型，也是种类最多、数量最多、分布最广泛的类型。

我国古代的住宅建筑以抬梁式、穿斗式和井干式为主要结构形式。以抬梁式和穿斗式为主的木结构建筑，以及干阑式建筑分布最为广泛，包括北京、江浙、皖南、江西、湖北、云南、四川、湖南、贵州、广西、广东等各省份。井干式建筑则分布在东北、西南等省份的林区。生土建筑及砖墙承重式建筑也是传统民居中的常见结构形式。砖墙承重建筑以山西、河北、河南和陕西地域多见；雕楼建筑多分布在西南边疆、青藏高原、内蒙古等地；窑洞建筑主要建造在黄土高原和干旱少雨、天气炎热的西北区域；另有造型特殊的土楼建筑，分布在福建、广东、赣南等地。新疆南部地区的阿以旺建筑是一种土木结构的平顶建筑，也十分有特色。除了上面提及的各种民居形式，内蒙古、新疆地区的毡包建筑是以游牧生活为主的牧民居住的建筑形式，方便拆卸，是一种可灵活流动的居所。各种不同的民居形式凝结了中国古代人民的智慧与创造于其中，是可资研究的重要建筑类型(图 4-49～图 4-56)。

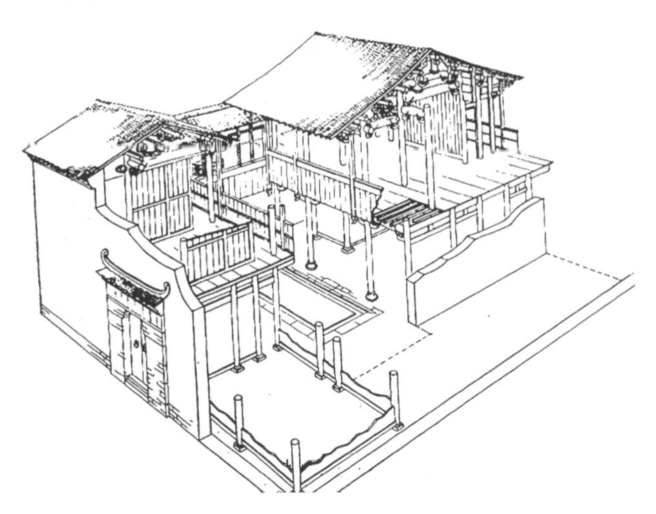

图 4-49　安徽歙县民居住宅剖视

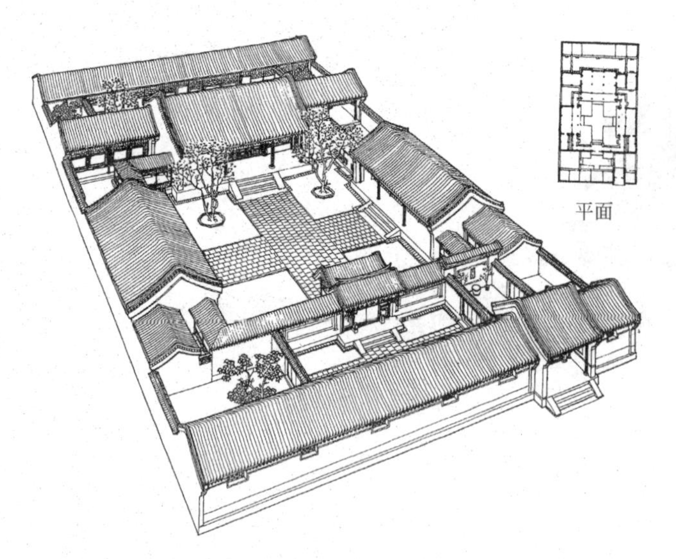

● 图 4-50　北京四合院民居平面及鸟瞰图

● 图 4-53　河南荥阳地坑窑住宅俯瞰照片

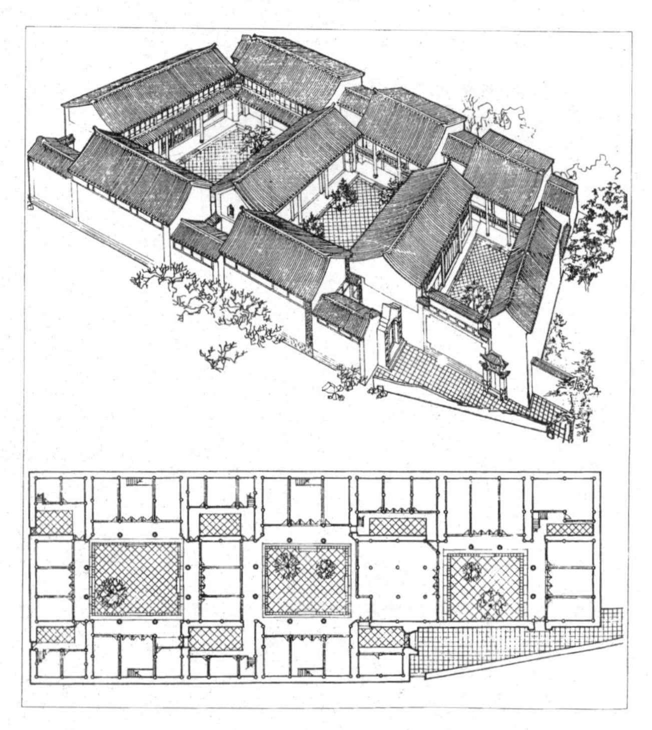

● 图 4-51　云南大理白族合院民居平面及鸟瞰图

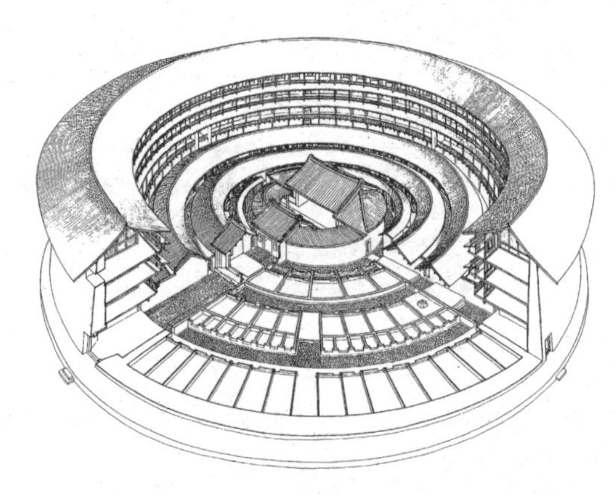

● 图 4-54　福建永定圆形土楼住宅剖视图

● 图 4-55　新疆喀什“阿以旺”住宅室内透视

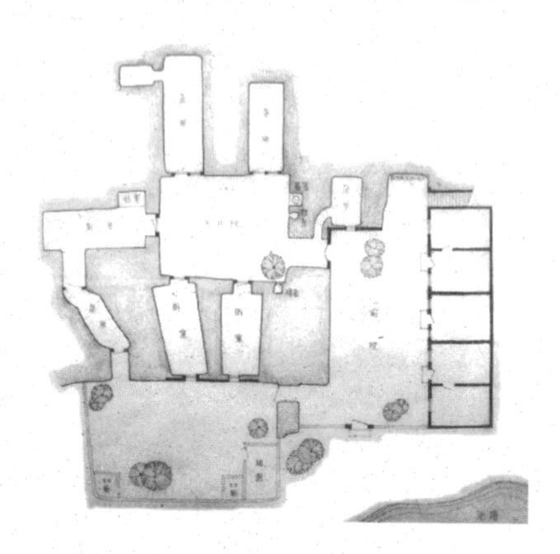

● 图 4-52　河南荥阳地坑窑住宅平面图

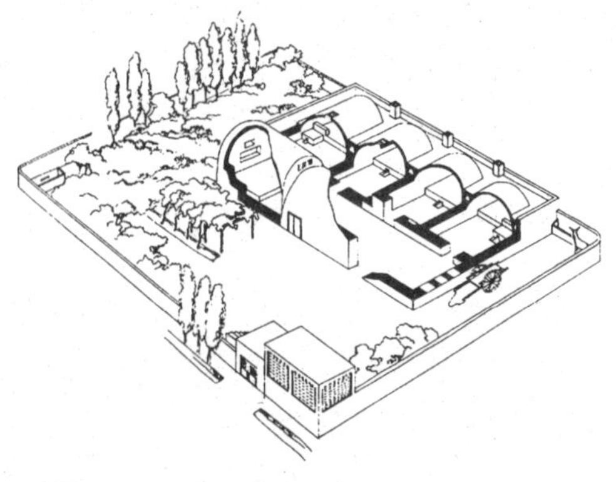

● 图 4-56　新疆吐鲁番土拱式住宅剖面图

4.2 中国近现代建筑

4.2.1 20世纪初期的建筑

1840年的鸦片战争是中国近代历史的开端。其间，一方面是中国传统建筑文化的延续，一方面是西方建筑文化的传播，这两种建筑活动互相碰撞、融合，构成了20世纪初期建筑发展的主线。1860年代到1920年代是中国近代建筑史中的“洋风”(折衷主义)时期，以模仿或照搬西洋建筑的潮流居于主导。沿海开埠城市受西方建筑的影响更为直接，较多体现出西方近代建筑的风格。

上海外滩建筑群是这方面的集中体现。经过19世纪末、20世纪初的发展。近30座并排而立的洋式建筑，加上临江大道、绿化带，形成了独有的外滩风貌。汇丰银行(1923年)、江海关大楼(1925年)是外滩最主要的两幢标志性建筑。前者的穹顶采用了钢结构，主体采用了框架结构，在当时非常的先进。完全沿用西方古典主义手法，被誉为“从苏伊士运河到白令海峡最豪华的建筑”。江海关大楼则简约了不少，采用了折衷主义风格。入口处为4根希腊多立克式巨柱。立面装饰大大简化了，初显艺术装饰主义(图4-57、图4-58)。

图4-57 汇丰银行

图4-58 江海关大楼

图4-59 上海大厦

图4-60 国际饭店

其他对外开埠的沿海城市也明显受到近代西方建筑的深刻影响，如天津的九国租界中银行建筑集中，多半为西方古典复兴样式或哥特风格；厦门、青岛等开埠城市，也大量兴建了以使领馆、银行、教堂等类型为主的西式建筑。

西方建筑文化还通过长江向内陆城市扩张，对汉口、南京、宜昌、重庆等沿江城市产生了影响。如汉口的海关大楼(1924 年)一度是该城的象征，南京的江苏省谘议局(1908 年)、南洋劝业会场建筑(1910 年)等都是该时期西式建筑代表。

中法战争之后，以昆明为首的西南地区；日俄战争之后，以哈尔滨、营口为主的东北地区都开始在西方建筑的影响下发展起来。如哈尔滨火车站(1903 年)以“新艺术运动”的样式出现，哈尔滨圣索菲亚教堂(1932 年)则是典型的东正教堂的集中构图。

20 世纪 20～30 年代是中国近代建筑发展的一个繁荣时期。在长期被动吸纳西方建筑形式之后，民族形式与传统复兴成为建筑的主流。一方面长期动荡与战乱的社会在 1927 年为国民政府所统一，一方面我国第一代建筑师登上历史舞台打破了西方建筑师对重大项目的垄断。因此，“民族自醒”成为社会呼声，中国传统建筑形式的复兴自然而然成为建筑业的主流。

这一时期，南京是建筑业的主要舞台。尤其是国民党政府于 1927 年正式定都南京后，城市建设形成高潮。中山陵(1929 年主体建成)是传统复兴建筑的重要代表。中山陵是孙中山先生的陵墓，1931 年全部建成，近代著名建筑师吕彦直设计。建筑融汇了中国古代与西方建筑的精华，庄严简朴。整个建筑群依山而建，排列在一条中轴线上，整组建筑在形体组合、色彩运用、材料表现和细部处理上，都很好地体现了中国传统建筑的风格。广州中山纪念堂是吕彦直随后的作品，八角形宫殿式建筑。纪念堂采用了大跨度结构，内部不见一柱，庄严肃穆。结构与建筑形式取得了高度统一。这两个作品是我国近代建筑中融汇东西方建筑技术与艺术的代表作(图 4-61、图 4-62)。

图 4-61　南京中山陵

图 4-62　广州中山纪念堂

南京的原励志社建筑群，是一座由三幢清代宫殿式建筑构成的院落，建于 1929～1931 年，由近代第一批留学归国的建筑师范文照、赵深设计，建筑风格属于中国传统宫殿式建筑(图 4-63)。南京原国民大会堂（1934～1936 年)由公利工程司奚福泉设计，主体四层，中区高耸，两侧呈直线展开作对称造型，体块简洁，一排排玻璃窗直贯上下两层，虚实对比生出韵律感，是既具现代感又具民族风格的创新之作(图 4-64)。原国立美术馆，建于 1935～1936 年，钢筋混凝土结构，坐北朝南，造型呈凸字形，是民族艺术与近代意识的结合之作，艺术气息凝练。在当时属于民族建筑新风格(图 4-65)。

图 4-63　原励志社

图 4-64　原国民大会堂

图 4-65　原国立美术馆

20 世纪 30 年代以后，装饰艺术风格逐渐盛行。主要特点是简洁明快和经济适用，大型公共建筑也逐渐改变中国古典样式，转向简朴实用、初具现代特征又略带传统构图的风格。由近代著名建筑师杨廷宝设计的南京中央医院体现出早期现代主义风格（图 4-66、图 4-67），他早期设计的清华大学图书馆扩建（1919 年）则注重与美国建筑师墨菲设计的老馆在空间与风貌结合上的整体性（图 4-68）。

图 4-66　中央医院外景

图 4-67　中央医院局部

图 4-68　清华大学老图书馆

图 4-69　原国民党中央党史史料陈列馆

● 图 4-70 原京奉铁路辽宁总站

4.2.2 20 世纪中期的建筑

1949 年新中国成立后，建筑业迎来新的发展阶段。由于经济底子薄，建筑总体上以经济、实用为主，尚难以奢谈对风格的追求，建筑造型多以简单的方盒子为主。中华人民共和国成立 10 周年的 1959 年，为弘扬独立自强的民族精神，北京建成了“十大建筑”。分别是：人民大会堂、中国革命历史博物馆、中国人民革命军事博物馆、北京火车站、北京工人体育场、全国农业展览馆、钓鱼台国宾馆、北京民族文化宫、民族饭店、华侨大厦 10 座建筑(图 4-71～图 4-76)。与之前的复古主义有显著不同的是，在大力倡导民族风格的同时，也体现出简洁、实用的现代审美倾向。

● 图 4-71 人民大会堂

● 图 4-72 北京火车站

● 图 4-73 中国革命历史博物馆

● 图 4-74 中国人民革命军事博物馆

● 图 4-75 北京民族文化宫

● 图 4-76 华侨大厦

人民大会堂是最有代表性的建筑。平面呈“山”字形，两翼略低，中部稍高，四面开门。外表为浅黄色花岗石，上有黄绿相间的琉璃瓦屋檐，下有5m高的花岗石基座，周围环列高大的圆形廊柱。正门有12根浅灰色大理石门柱。建筑风格庄严雄伟，壮丽典雅，既不失现代感，又富有民族特色。

其他建筑如中国美术馆、北京火车站、民族文化宫等造型、尺度也十分别致，都具有宏伟、壮观的特点，并直接沿用了传统建筑的大屋顶形式，民族风格十分鲜明。总之，十大建筑为整个建筑业的发展方向提供了一个坚实的起点。

4.2.3　20世纪后期及当代建筑

20世纪60～70年代末，左的思潮主导建筑业，尤其是1966～1976年十年“文革”时期，建筑业停滞不前，处于激进、简单化、低层次发展阶段。“上山下乡”运动更是让设计院所人去楼空，正常业务无以为继。而同时期的建筑教育则基本停办，造成建筑人才的10年断档。概言之，这一时期是新中国建设史上的挫折与徘徊期，而与港、澳接邻的岭南地区是仅有的亮点，由第二代建筑师莫伯治等人设计的广州白云宾馆、广州白天鹅宾馆都初具现代风格，代表了呼之欲出的方向。直到1978年改革开放，一个全新的建筑发展时期才迟迟来到(图4-77)。

图4-77　广州白天鹅宾馆

20世纪80年代初国门一经开放，著名华裔建筑师贝聿铭就回到祖国，为北京设计了香山饭店(图4-78、图4-79)。他在现代主义手法中融汇了中国传统建筑符号，为当时国内简单僵硬的民族形式带来新意，昭示方向。1985年，东南大学齐康教授设计的南京侵华日军大屠杀遇难同胞纪念馆运用了较强的艺术象征手法，简洁的几何造型表达出崇高的庄严与纪念性，属于较早的现代主义力作(图4-80)。1995年，天津大学彭一刚教授设计了甲午海战纪念馆，建筑背山向海，将雕塑与空间融合，造就了构图有力、充满雕塑感的纪念空间(图4-81)。

图4-78　香山饭店外观

图4-79　香山饭店内景

改革促使深圳很快成为现代建筑的试验场，新中国成立后的首批超高层建筑开始出现。深圳国际贸易中心大厦、深圳地王大厦是其中的代表。国际贸易中心为方形塔楼，高53层共160m，属于典型的现代建筑；深圳地王大厦(1996年)高69层384m。是中

● 图 4-80　南京侵华日军大屠杀遇难同胞纪念馆

● 图 4-81　甲午海战纪念馆

国当时超高层钢结构的代表作，融合了西方建筑简单清秀的风格，是深圳的标志性建筑之一(图 4-82、图 4-83)。

● 图 4-82　深圳国际贸易中心大厦

● 图 4-83　深圳地王大厦

20 世纪 80～90 年代，现代建筑风格逐渐占据主流。北京涌现出北京图书馆新馆、中国国际展览中心、北京首都国际机场候机楼、北京国际饭店、长城饭店、中国人民抗日战争纪念馆等代表性建筑。其中，北京图书馆(1988 年)回归了折衷主义，采用“大屋顶”式传统复兴风格，但与以往相比有所简化。1990 年代初期，民族形式已非建筑的主流，建筑更多地体现出现代主义的气象。北京铁路西站(1990～1995 年)采用了大屋顶的民族形式，可被视作是复古思潮的尾声(图 4-84、图 4-85)。

● 图 4-84　北京图书馆

图 4-85　北京西客站

20 世纪 80 年代末、90 年代初期，上海涌现出大批具有代表性的新建筑。1990 年建成的上海商城是一组办公商业综合大楼，由三幢塔楼和一座 7 层的裙房基座组成，呈现“山”字形。因设计中庭而闻名的美国建筑师波特曼追求空间含蕴，底层架空的柱列和门洞融入中国元素，体现中西交融。裙房设有大型中庭，将室内外环境有机融合(图 4-86)。

图 4-86　上海商城全景及架空入口

东方明珠电视塔高 468m，由 3 个斜筒体、3 个直筒体和 11 个球组成，形成巨大的空间框架结构。东方明珠以巨型空间框架相连大小不等、高低错落的球体，创造出“大珠小珠落玉盘”的意境。金茂大厦(美国 SOM 建筑事务所设计)邻近东方明珠，高度 420.5m，地上 88 层，地下 3 层，裙房 6 层，总建筑面积 29 万 m^2。建筑造型取意中国密檐塔的传统形象，现代语汇中融入了民族风格。在与外滩历史建筑群隔江相望中，成为新上海的标志之一。上海体育场建于 1997 年，可容纳 8 万名观众。整个建筑直径 300m 呈圆形，总高 70 余 m，空间利用上设计成一个上大下小倒锥圆环体，看台设计成西高东低的不对称格局。建筑外形为马鞍形，大悬挑钢管空间层盖结构，创造了 73.5m 的世界最长悬挑距离(图 4-87～图 4-89)。

图 4-87　东方明珠电视塔

20 世纪 90 年代的代表性建筑有中央广播电视塔、国家奥林匹克体育中心与亚运村、北京新世界中心、北京植物园展览温室、首都图书馆、清华大学图书馆新馆、外语教学与研究出版社办公楼、北京恒基中心、新东安市场等。整个中国的建设进入一个以现代主义为主流的大规模的高速发展时期。其中，由马国馨为总规划师的国家奥林匹克体育中

● 图 4-88　金茂大厦

● 图 4-89　上海 8 万人体育场

心与亚运村规划(总面积 64.7 万 m^2) 是该时期建筑成就的综合体现(图 4-90、图 4-91)。

● 图 4-90　1990 年北京亚运村规划

20 世纪与 21 世纪之交，北京、上海等大都市成为国际、国内建筑师们新锐作品的舞台。如法国建

● 图 4-91　国家奥林匹克体育中心英东游泳馆

筑师安德鲁相继设计了浦东国际机场航站楼、上海东方艺术中心以及与人民大会堂相毗邻的国家大剧院，都是钢结构、玻璃外壳、弧线构成的庞大建筑；瑞士建筑师赫尔佐格与德梅隆设计的北京奥运会国家体育场“鸟巢”展现出强烈的结构逻辑与超现实主义形象的结合；在新中央电视台设计中，荷兰建筑师库哈斯提出了崭新的构想——央视大楼的部分功能对公众开放。在他的设计中，介乎于水平与竖直、动态与静态的新建筑，交织出巨大的“Z”字形空间结构，造就着浪漫与幻想的文化标志(图 4-92～图 4-95)。

● 图 4-92　北京奥运会国家体育场“鸟巢”

● 图 4-93　新中央电视台

图 4-94　国家大剧院

图 4-95　浦东国际机场航站楼

纵观中国近现代建筑发展的历程，其跨度之大是空前的。在近百年的徘徊、挫折与缓进后，从一个长期边缘甚至背离国际建筑主流的国家转而成为世界建筑的中心，对于新建筑，人们见仁见智，但这并不妨碍中国成为一个胸襟博大、引领潮流的“世界建筑博物馆”。随着经济、社会的高速发展，中国建筑的发展还将与世界建筑的前沿同步，这不正是几代建筑师们辛苦耕耘所期待的目标吗?

4.3　外国建筑的发展

4.3.1　古典建筑

人类大规模的建筑活动是从奴隶制社会建立以后开始的。中央集权的建立，使得征召大量工匠从事集体建筑活动成为可能。

● 公元前 3200～公元前 30 年　古埃及建筑

古埃及建筑——石头建筑

古代埃及是世界上最早出现的奴隶制国家之一，公元前 3200 年形成统一的国家。古埃及的建筑艺术成就体现在规模宏大的建筑群。金字塔与太阳神庙是主要类型。

最早的古王国时期，以陵墓为代表，主要类型为玛斯塔巴和金字塔。著名实例是吉萨金字塔群，它包括胡夫金字塔、哈夫拉金字塔、孟卡拉金字塔及大斯芬克斯(图 4-96～图 4-98)。

图 4-96　早期金字塔

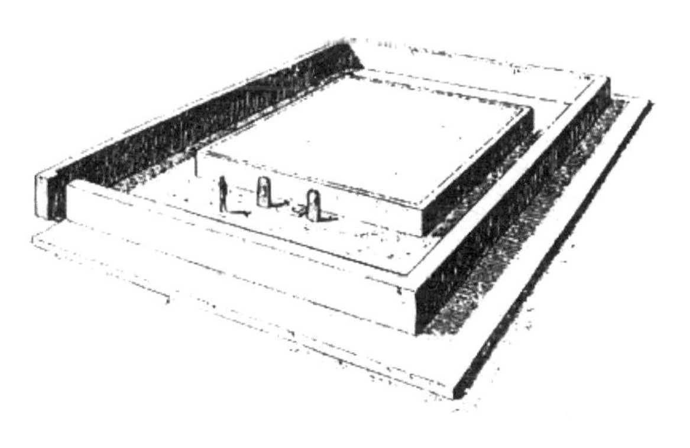

图 4-97　玛斯塔巴

图 4-98　吉萨金字塔

稍后，在中王国时期以庙宇为主。较晚的新王国时期，主要是庙宇、石窟寺、石窟墓与住宅等类型(图 4-99、图 4-100)。建于新王国时期的阿蒙神大石窟庙是古埃及石窟建筑中的杰出代表，全部凿岩而成，正面门前有四尊国王拉美西斯三世的巨大雕像，高 20m。古埃及晚期，受到希腊与罗马建筑的影响。

图 4-99　卢克索阿蒙神庙

图 4-100　阿蒙神大石窟庙

- 公元前 3500 年～公元后 7 世纪　古代西亚洲建筑

古代西亚洲建筑——夯土建筑

古代西亚主要包括两河流域和伊朗高原地区。该地区较为缺乏木材与石材，建筑大量运用土坯，因而住宅与宫殿基本以夯土建筑为主。

古代西亚的建筑成就在于创造了以土作为基本原料的结构体系和装饰方法。从夯土墙体到土坯砖，逐渐发展出券、拱和穹隆结构，还创造出彩色琉璃砖。对后来的拜占庭建筑和伊斯兰建筑影响深远。主要建筑类型为观象台、宫殿建筑等。其中著名的有乌尔观象台和波斯波利斯宫、萨尔贡二世宫殿等(图 4-101～图 4-103)。

图 4-101　乌尔观象台

图 4-102　波斯波利斯宫

图 4-103　萨尔贡二世宫殿遗址——人首翼牛像

- 公元前 11 世纪～公元前 1 世纪　古代希腊的建筑

古代爱琴海地区——巨石建筑

古希腊文化前期为爱琴文化，主要产生于以克里特岛与迈锡尼为中心的爱琴海沿岸地区。建筑类型以住宅、宫殿为主，主要遗址有：迈锡尼卫城的狮子门、克诺索斯宫殿遗址(图 4-104、图 4-105)。

图 4-104　迈锡尼卫城的狮子门

图 4-105　克诺索斯宫殿遗址

古希腊——神庙与古典柱式

神庙是古希腊最重要的建筑类型。最具代表性的有雅典卫城中的神庙建筑群。雅典卫城是为了庆祝战胜波斯的入侵建造的，其中，帕提农神庙采用列柱围廊式长方形平面布局。内外部分别运用了多立克、爱奥尼这两种基本的古希腊柱式，东立面为主立面，严格按照轴线对称布局。古希腊柱式是古希腊建筑又一主要成就。不仅形成定式标准在神庙建筑中广泛运用，而且对西方古典建筑的发展，尤其是古罗马柱式最终成熟与运用影响深远(图 4-106、图 4-107)。

图 4-106　雅典卫城

图 4-107　帕提农神庙

雅典卫城建在陡峭的山冈上，位于雅典西南，是雅典的宗教活动中心。建筑物分布在山顶上一约 280m×130m 天然平台上。其中心建筑是帕提农神庙，采用围廊式布局，除内部有 4 根爱奥尼柱子围合的方厅外，外立面均为多立克柱式。其雕刻艺术与多立克柱式是古希腊建筑最高成就的代表。

雅典卫城在西方建筑史上被誉为建筑群体组合艺术中的一个极为成功的实例，特别是在巧妙地利用地形方面更为杰出。

- 公元前 8 世纪～公元 4 世纪——古代罗马建筑

古代罗马——拱券结构与古典建筑

古罗马建筑在拱券结构方面有突出成就，主要是对半圆形拱券的运用。位于尼姆的加尔桥是现存拱券结构的代表，可以看出当时对拱券技术的应用已很成熟。相比古希腊时期，建筑类型由于社会生活进步而不断多样化。除神庙外，剧场、竞技场、大浴场、巴西利卡、角斗场等公共建筑不断涌现，而且大都规模宏大，富丽堂皇。现存的有著名的古罗马大角斗场、卡瑞卡拉浴场。反映了古罗马盛期社会昌达、经济强大，体现在建筑上，则是在材料、结构、工艺、空间创造等方面成就空前。此外，古罗马柱式对希腊柱式继承发展并最终成熟，又称古典柱式，作为古典建筑最基本的元素和特征，贯穿了整个西方古代建筑的发展历程。在城市建设上，古罗马时期也有长足的发展，如建于古罗马盛期的庞培古城，前后修建达 600 多年，规模庞大，是当时城市建设文明的结晶(图 4-108～图 4-115)。

● 图 4-108　尼姆加尔桥

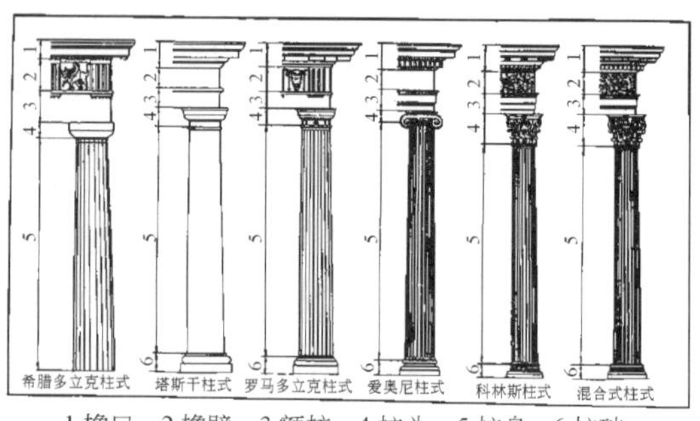

● 图 4-109　古希腊与古罗马柱式

● 图 4-110　罗马万神庙

● 图 4-111　罗马大角斗场

● 图 4-112　卡拉卡拉浴场

● 图 4-113　图拉真纪功柱

● 图 4-114　庞培古城鸟瞰

● 图 4-115　庞培古城遗址局部

● 公元 4～16 世纪　拜占庭建筑和中古俄罗斯建筑

拜占庭建筑——帆拱与穹隆

拜占庭建筑综合了古西亚的砖石拱券、古希腊的古典柱式和拱券技术成就，特别是在拱、券、穹隆方面，更加丰富与多样，结构技术更趋成熟。拜占庭建筑创造出了帆拱这一结构形式，用作方形墙身与穹窿顶之间的空间过渡。教堂主要有三种布置方式：一是巴西利卡式，二是集中式，三是十字式。拜占庭建筑的典例是君士坦丁堡的圣索菲亚大教堂(建于 532～537 年)，是东正教的中心教堂，是拜占庭帝国极盛时代的纪念碑。采用集中式布局，属于以穹隆覆盖的巴西利卡式。1935 年改作博物馆。圣马可教堂位于著名的欧洲客厅圣马可广场，建于 1063～1085 年，是拜占庭建筑的典例，布局为十字式，屋顶设 5 个穹顶，2 大 3 小。中央穹窿直径 12.8m，穹隆间以筒形拱相连，非常华丽(图 4-116、图 4-117)。

图 4-116　君士坦丁堡　圣索菲亚教堂

图 4-117　威尼斯　圣马可教堂

● 公元 9～15 世纪　西欧罗马风与哥特式建筑

罗马风建筑与哥特式建筑属于西欧封建社会初期与盛期的建筑。

罗马风建筑

西欧封建社会初期处于十几个民族国家分裂状态，经济衰落。该时期主要在古罗马帝国留存下来的老建筑及建筑废墟上，利用旧的材料进行建设，规模较小，设计与施工简单，在艺术上继承了古罗马的半圆形拱券结构，风格上也非常相似，故称为罗马风建筑。罗马风建筑对于建筑结构与艺术也有所发展，所创造的扶壁、肋骨拱、束柱等结构与形式直接影响了哥特风格及其之后的建筑发展。意大利比萨教堂与法国圣安提埃教堂是罗马风建筑的代表(图 4-118)。

图 4-118　比萨教堂

哥特建筑

西欧封建社会盛期，建筑逐渐摆脱了古罗马时期的影响，在结构与形式上发展出尖券、尖形肋骨拱顶、陡急的两坡屋顶等，而在大教堂中，高耸的钟楼、飞扶壁、束柱、花窗棂等成为基本元素。其形象可以“高、直、尖”来形容，这一时期的建筑统称哥特风格。代表性建筑有著名的巴黎圣母院(图 4-119)。

● 公元 14～17 世纪　文艺复兴时期建筑

文艺复兴建筑风格

14～15 世纪，资本主义萌芽改变了封建制生产关系，社会生活发生深刻变革。世俗建筑成为建筑的主流。府邸、市政厅、行会、广场、钟塔和宏伟的宫廷建筑得以极大发展。建筑呈现出前所未有的

图 4-119　巴黎圣母院

崭新面貌。提倡继承古罗马建筑风格，古典柱式再度成为建筑造型基本构图，建筑轮廓一反哥特时期的高耸、尖翘的强烈对比，转而追求整齐、统一与理性，水平线条、穹顶、檐口、实墙、半圆形券等元素广为运用，形成了文艺复兴建筑风格。佛罗伦萨大教堂、威尼斯圣马可广场都是该时期的杰出范例(图 4-120、图 4-121)。

图 4-120　佛罗伦萨大教堂

巴洛克建筑

属于文艺复兴时期建筑风格形式的一股支流，同时又表现出很大区别。巴洛克风格喜欢堆砌装饰，利用视觉夸张空间效果，常用曲线与曲面、折断的

图 4-121　威尼斯　圣马可广场

山花与檐口，追求空间的凹凸起伏与运动感，该风格主要运用于贵族府邸与宫廷建筑之中。虽有矫揉华丽之嫌，但对当时推动设计手法的创新有深远的积极影响。

法国古典主义风格

在 17 世纪，与文艺复兴风格、巴洛克风格同时兴起的还有以法国为主的古典主义风格。主要在宫廷建筑中提倡有组织、有秩序的古典主义文化。在建筑群的总体布局、平立面造型上强调轴线对称、主次分明、突出中心、规则几何的原则，强调外形的端庄雄伟，推崇横向、纵向的三段式构图手法。法国古典主义风格对其他走向君主制的欧洲国家影响广泛。

法国凡尔赛宫建于 1661～1750 年间。占地 300ha，位于今巴黎南郊约 23km 处。其雏形为皇家猎场，法国君主路易十四将其扩建形成规模宏大的宫廷与政府建筑群——凡尔赛宫。勒伏、孟莎先后任总建筑师。1682 年整个法国宫廷入住后，形成万人规模的城市。凡尔赛宫花园清新疏朗、尺度博大、气派非凡，是欧洲以及世界几何式园林的典范(图 4-122、图 4-123)。

图 4-122　法国凡尔赛宫

图 4-123　凡尔赛宫花园

● 工业革命前夕——复古主义思潮

新建筑运动真正登台之前，经历了一段复古主义思潮。这一时期主要为三种复古倾向：古典复兴、折衷主义和浪漫主义。

古典复兴——主要秉承古希腊和古罗马建筑形式和风格，如美国国会大厦、英国大英博物馆都属于古典复兴风格(图 4-124、图 4-125)。折衷主义——主要是将历史上多种形式、风格、样式、手法进行拼合，又称"集仿主义"。法国巴黎歌剧院建于 19 世纪中叶，是奥斯曼巴黎改造计划的重要建筑之一。立面是晚期巴洛克风格，在古典形式中掺入了精细的洛可可装饰细节。内部装修富丽至极，是折衷主义建筑的杰出代表(图 4-126)。浪漫主义——在艺术上强调个性，主张用中世纪的艺术风格同学院派的古典主义相抗衡。后期，由于追求中世纪的哥特式建筑风格，又称为"哥特复兴建筑"，代表作有英国国会大厦(图 4-127)。

图 4-124　美国国会大厦

图 4-125　英国大英博物馆

图 4-126　法国巴黎歌剧院

图 4-127　英国国会大厦

复古主义潮流在 19 世纪末即被"新建筑运动"所替代。在建筑史上标志着近现代建筑运动的开端。

4.3.2　近现代建筑

● 新建筑探索

19 世纪的工业革命是西方近现代建筑的开端。对建筑的推动主要表现在以下方面：一、新建筑类型不断涌现。出现了工厂、仓库、住宅、铁路建筑、办公建筑、商业建筑、博览会、展览馆、医院、科学实验室等新功能建筑；二、新的功能需要新的设计思想和方法；三、钢、铁、水泥、玻璃等新建材出现；四、钢筋混凝土结构开始普及，结构科学大发展，建筑的高度和跨度不断突破。工业革命空前地推动了建筑业迈向现代化。如：1851 年建造的伦敦水晶宫是英国工业革命时期的代表性建筑。建筑宽 408ft(约 124.4m)，长 1851ft(约 564m)，共 5 跨，高 3 层，大部分为铁结构，外墙和屋面均为玻璃，被誉为“水晶宫”(图 4-128、图 4-129)。1889 年建成的巴黎埃菲尔铁塔高 300m；巴黎博览会机械馆跨度达到 115m。与建筑结构的发展相应，新建筑运动应运而生(图 4-130、图 4-131)。

图 4-128 伦敦世界博览会“水晶宫”局部

图 4-129 伦敦世界博览会“水晶宫”鸟瞰

图 4-130 巴黎埃菲尔铁塔

图 4-131 巴黎世界博览会机械馆

20 世纪初～1914 年第一次世界大战：新建筑运动

这一时期，西方在建筑近代化进程中，对建筑形式、手法、功能创新等方面不断探索。主要有以下潮流、阶段：

工艺美术运动：以英国为中心，提倡手工艺生产，提倡灵活设计平面与造型。又称“自由建筑运动”。代表人物是拉斯金和莫里斯。代表作是建筑师魏伯设计的“红屋”。

新艺术运动：以比利时为中心，建筑风格反对历史式样，采用流动的曲线和以熟铁装饰的表现方式，试图创造与工业时代相应的简化形式。代表人物有亨利·凡·德·费尔德。

维也纳学派：以奥地利的维也纳为中心，主张建筑应是对材料、结构与功能的理性表述，反对复古与模仿。代表作：维也纳邮政储蓄银行，瓦格纳设计。

分离派：从维也纳学派中分离而出的流派。主张造型简洁和集中装饰，装饰的主题采用直线和大片光墙面以及简单的立方体。代表作：奥别列兹设计，分离派展览馆(图 4-132)。

图4-132 维也纳分离派展览馆

风格派：出现于1917年。成员有画家、雕刻家、建筑家和作曲家。目标是把建筑、雕刻绘画有机地组成一个理性的结构。努力寻求尺寸、比例、空间、时间和材料之间的关系，造型基本以几何体为主。该流派主要成员有建筑师万特霍夫、奥德、里特维德等。代表作：1924年，里特维德设计的乌得勒支的施罗德住宅。

以上这些建筑师、流派虽然在思想观点和建筑风格上差异很大，但都是在寻求新的建筑。他们的活动被称为“新建筑运动”。

● 现代建筑运动(20世纪初期至中后期)

第一次世界大战结束后，新建筑运动真正发展为现代建筑运动。

1930年代起，现代主义迅速传播，20世纪中叶成为主导潮流。第二次世界大战结束后，1950～60年代现代主义在全世界广泛传播，成为“国际式”风格。至此，复古建筑彻底退出历史舞台，现代主义建筑风靡全球。

现代建筑运动的早期有未来派、构成派和表现派。

未来主义主张建筑的“动”与“变”，用构图方案表达高层建筑及新时代精神，提倡斜线和椭圆创造的富有动态的建筑机体。

构成主义是将未来主义与立体主义相结合发展而成的，认为建筑的形成必须反映出构筑手段。代表作有第三国际纪念碑(塔特林设计，1920年)；1924年，维斯宁兄弟设计的列宁格勒真理报分社；1925年，梅尔尼柯夫设计的巴黎国际现代装饰工业艺术博览会苏联馆。

表现主义强调奇特、夸张的建筑形体，来表现某些思想情绪、象征某种时代精神。表现主义作品有：波茨坦市爱因斯坦天文台(门德尔松，1920年)(图4-133)。

图4-133 爱因斯坦天文台

图4-134 通用电气公司的涡轮机工厂

芝加哥学派——高层建筑的源流：1883～1893年，以芝加哥重建为契机，现代高层建筑在美国开始兴起。主要代表人物：工程师詹尼，路易斯·沙利文。主张简洁的立面以符合时代工业化精神，开创了大玻璃通窗时代。在工程技术上，创造了高层金属框架结构和箱形基础。提出著名的“形式服从功能”的口号，为现代建筑开辟了道路。代表作品：詹尼设计，第一拉埃特大厦(1879年)、家庭保险公司办公楼(1885年)(图4-135)。

德意志制造联盟——现代建筑运动确立的标志：1907年德国成立“德意志工业联盟”，创始人是德国建筑师贝伦斯和格罗皮乌斯，该联盟旨在推动包括

● 图 4-135　家庭保险公司办公楼

建筑在内的各种产品的设计改革。对现代建筑运动起了奠基作用。代表作：通用电气公司透平机车间（贝伦斯，1909 年）（图 4-134）；法古斯工厂（格罗皮乌斯、梅耶）（图 4-136）。

● 图 4-136　法古斯工厂

● 图 4-137　赫尔辛基火车站

国际现代建筑协会——现代建筑确定方向：1928 年，国际现代建筑协会成立。其目的是为现代建筑确定方向。提出现代主义的基本观点：一、工业化时代需要相应的现代建筑；二、建筑师应着眼经济、实用和功能，担负社会责任；三、积极采用新材料、新结构，促进建筑技术革新；四、主张摆脱传统样式的束缚，着手建筑创造新；五、主张发展建筑美学，创造新建筑风格。

由此，关于现代建筑的定义已很明确。简言之，即：功能主义、客观主义、实用主义、理性主义，以及“国际式建筑”等，20 世纪中以后统称为“现代主义”。

● 现代主义建筑大师

瓦尔特·格罗皮乌斯（1883～1969 年）

德国现代建筑师和建筑教育家，现代主义建筑学派的倡导人和奠基人之一，包豪斯（Bauhaus）学校的创办人。1928 年创建国际现代建筑协会。1937 年到美国定居，任哈佛大学建筑系教授、主任。他的教育观点、方法、现代主义理论以及设计实践，促进了现代建筑的发展。著有《新建筑学与包豪斯》（图 4-138）。

● 图 4-138　格罗皮乌斯照片

格罗皮乌斯积极提倡建筑设计与工艺的统一、艺术与技术的结合，讲究功能、技术和经济效益。他的建筑设计讲究充分的采光和通风，主张按空间的用途、性质、相互关系来合理组织和布局，按人的生理要求、人体尺度来确定空间的最小极限等。第二次世界大战后，他的建筑理论和实践为各国建筑学界所推崇。

代表作品：法古斯鞋楦厂(1911～1912 年)；德意志制造联盟科隆展览会办公楼(1914 年)；包豪斯校舍(1925～1926 年)。

包豪斯学派(Bauhaus School)

1920 年代德国以包豪斯为基地形成与发展的建筑学派。代表人物：格罗皮乌斯。

格罗皮乌斯与包豪斯其他成员共同创造了一套新的、以功能、技术和经济为主的建筑观、创作方法和教学观。他们重视空间设计，强调功能与结构的效能，把建筑美学同建筑的目的性、材料性能和建造方式联系起来，提倡以新的技术来经济地解决好新的功能问题。包豪斯的教学特点是：反对模仿因袭，将产品设计同机器生产、社会发展及各门艺术结合起来，培养学生的动手能力和理论素养。代表作：包豪斯校舍(图 4-139)。

图 4-139　包豪斯校舍

密斯·凡·德·罗(1886～1969 年)

生于德国，现代主义建筑大师之一(图 4-140)。

图 4-140　密斯照片

密斯的建筑观，可概括为他的一句名言："少就是多"。意即：一是简化结构体系，精简结构构件，产生多用途的大空间；二是净化建筑形式，精确施工，净化虚饰。只是由直线、直角组成的规整和纯净的钢和玻璃方盒子。

密斯风格(Miesian Architecture)

20 世纪 40 年代末到 60 年代盛行于美国的一种建筑设计倾向，以"少就是多"为理论根据，以"全面空间"、"纯净形式"和"模数构图"的设计方法与手法为特征，其设计原则是"功能服从空间"。由密斯·凡·德·罗为代表，又称"简素主义"、"纯净主义"。

代表作品：吐根哈特别墅(1928～1930 年)，巴塞罗那世界博览会德国馆(1929 年)，芝加哥湖滨公寓(1950～1951 年)，纽约西格拉姆大厦(1954～1958 年)，范斯沃斯住宅(图 4-141～图 4-143)。

图 4-141　吐根哈特别墅

图 4-142　西格拉姆大厦

图 4-143　巴塞罗那世界博览会德国馆

勒·柯布西耶(Le Corbusier，1887～1965 年)

勒·柯布西耶，生于瑞士，是现代主义建筑的主要倡导者和主将，机器美学的重要奠基人，现代建筑的四位大师之一，也是 20 世纪中最重要的一位建筑师(图 4-144)。代表著作有《走向新建筑》、《模度》。其建筑哲学在 20 世纪有着深刻影响。

图 4-144　柯布西耶照片

1926 年，他提出了著名的“新建筑五要素”：一、房屋底层采用独立支柱；二、屋顶花园；三、自由平面；四、横向长窗；五、自由的立面。他还对城市规划提出许多设想，提出了著名的模度(Modulor)理论——黄金分割比例和人体尺度。

他的机器美学观主要是：一、建筑应像机器一样强调功用，功能和形式之间应有密切逻辑关系，反对装饰；二、建筑像机器那样可以放置在任何地方，建筑风格应具有普遍性；三、建筑应像机器那样高效，经济实用。他的名言“房屋是居住的机器”就是基于这种思想而提出的。他的后期设计转向以清水混凝土为主的粗野主义风格。1950～1953 年设计的朗香教堂是举世公认的现代主义杰作。

其他代表作品有：印度昌迪加尔行政区规划(1951～1965 年)，法国里昂拉土雷特修道院(1952～1960 年)，哈佛大学卡本特视觉艺术中心(1953～1954 年)，国际联盟总部(1927 年)，萨伏伊别墅(1928 年)，巴黎瑞士学生宿舍(1930～1932 年)，巴西里约热内卢教育卫生部大楼(1936 年)，马赛公寓(1946～1957 年)(图 4-145～图 4-149)。

图 4-145　萨伏伊别墅坡道

图 4-146　萨伏伊别墅

图 4-147　马赛公寓

图 4-148　拉图雷特修道院

图 4-149　朗香教堂

赖特(1869～1959 年)

赖特是 20 世纪美国最重要的建筑师之一，是现代主义的先驱(图 4-150)。其风格从自然主义、有机主义、草原风格直到发展为现代主义。他所代表的“有机建筑”，是现代主义的一个独特流派。其建筑思想的核心是“有机建筑”。他设计了大量别墅和小住宅。善用传统的砖、木和石头，坡屋顶。被称为“草原住宅”。

图 4-150　赖特照片

赖特提出有机建筑六个原则，即：

一、简练而艺术的标准；二、建筑风格多样化；三、建筑与环境协调的原则；四、建筑的色彩与环境的一致；五、建筑材料本质的表达；六、建筑精神的统一和完整。

代表作品有：芝加哥威利茨住宅(1902 年)；伊利诺州罗伯茨住宅(1907 年)；芝加哥罗比住宅(1908 年)；流水别墅(1936 年)；约翰逊公司总部；古根海姆博物馆(1959 年)（图 4-151～图 4-154）。

图 4-151　流水别墅

图 4-152　约翰逊公司总部外景与室内

图 4-153　罗比住宅

图 4-154　古根海姆博物馆

流水别墅是赖特为卡夫曼家族设计的别墅，坐落在瀑布之上、山石之间、溪流之畔。建筑从磐石上伸挑而出，宛如自然生成。建筑与自然呈现了天人和一的最高境界，“已超越了它本身，深深地印在人们意识之中”。该建筑是现代建筑的杰出典范。

古根海姆博物馆 1959 年建于纽约。建筑造型顺应内部坡道螺旋上升，表现出优美的曲线和斜坡。作为艺术品展览空间，突破了传统造型的制约。

赖特对于现代主义的最大贡献：是对于传统的重新解释，对于环境因素的重视，对于现代工业化材料的强调，特别是钢筋混凝土的采用和一系列新的技术的采用。

草原风格：赖特于 1900 年前后设计了一系列住宅，这类住宅大多坐落在郊外，用地宽阔，环境优美。建筑从实际生活需要出发，在布局、形体、以至取材上，特别注意同周围自然环境的配合，形成了一种具有浪漫主义闲情逸致及田园诗意般的草原风格。草原式风格追求表里一致性，建筑外形尽量反映出内部空间关系，注意建筑自身比例与材料的运用，建筑以砖木结构为主，尽量表现材料的自然本色，重点装饰部分的花纹大多图案化的植物图形或直线组成的几何图形。代表作：伊利诺州的威立茨住宅(1902 年)。

有机建筑：代表人物：莱特、哈里宁、阿尔托、夏隆等。

20 世纪 20 年代产生于美国的现代建筑理论及创作思潮。有机建筑特点可概括为四个方面：一、建筑的整体性与统一性。特别突出视觉和艺术的统一，常以母题构图贯穿全局；二、空间的自由性、连贯性和一体性。主张“开放布局”(Open planning)；三、材料的视觉特色和形式美；四、形式与功能的统一。主张从事物的本质出发，提倡由内而外的设计手法。

代表作品：流水别墅(1936～1939 年)。

● 现代建筑之后：反思与提高(20 世纪后期)

第二次世界大战以后，现代建筑走向多样化。其原因是：一方面，世界科学技术和生产力有了新的发展，社会生活方式也有明显的变化，对建筑和建筑艺术提出了新的要求；另一方面，现代主义在传播过程中，与不同的自然条件和社会文化环境相结合，出现相应的变化。现代主义不再遵从“形式随从功能”，“少就是多”，“装饰就是罪恶”，“住宅是居住的机器”等信条。提出建筑可以而且应当施用装饰，并在一定程度上吸收历史上的建筑手法和样式，现代建筑也应该具有地方特色等。在这样的思想引导下，20 世纪 50 年代西方出现了许多新的建筑流派，又称现代建筑之后。

典雅主义

又称“新古典主义”、“新帕拉蒂奥主义”、“新复古主义”，1945 后美国的主要思潮。主要代表人物有：美国建筑师菲利蒲·约翰逊、斯通和雅马萨奇。

该流派吸收古典建筑传统构图的手法，比例工整严谨，造型简练轻快，以神似代替形似，建筑风格庄重精美，通过运用传统美学法则来使现代的材料与结构产生规整、端庄、典雅的安定感。典雅主义发展的后期出现两种倾向：一是趋于历史主义，另一是着重表现纯形式与技术特征。

代表作品：雅马萨奇设计，建于 1962～1976 年的纽约世界贸易中心(图 4-155)。

图 4-155 纽约世界贸易中心

粗野主义

兴起于 20 世纪 50 年代前后。代表人物：勒·柯布西耶、史密森夫妇。

粗野主义以比较粗犷的建筑风格作为设计倾向。1954 年后，史密森夫妇将之发展为“新粗野主义”。该流派主要以表现建筑自身为主，讲究形式美，注重色彩、质感和比例，以表现混凝土的沉重、毛糙、粗犷为美。保持建筑材料的自然本色，手法大刀阔斧，突出混凝土“塑性造型”的特征，并将之理论化、系统化，形成一种有理论、有方法的设计倾向。代表作：马赛公寓。

高技派(High-Tech)

20 世纪 50 年代后期兴起。高技派或称重技派，突出当代工业技术成就，并在建筑形体和室内环境设计中加以炫耀，崇尚“机械美”，在室内暴露梁板、网架等结构构件以及风管、线缆等各种设备和管道，强调工艺技术与时代感。

建筑造型、风格上注意表现“高度工业技术”的设计倾向。高技派理论上极力宣扬机器美学和新技术的美感，它主要表现在三个方面：一、提倡采用最新的材料——高强钢、硬铝、塑料和各种化学制品来制造体量轻、用料少，能够快速与灵活装配的建筑；强调系统设计和参数设计；主张采用与表现预制装配化标准构件。二、认为功能可变，结构不变。表现技术的合理性和空间的灵活性既能适应多功能需要又能达到机器美学效果。三、强调新时代的审美观应该考虑技术的决定因素，力求使高度工业技术接近人们习惯的生活方式和传统的美学观，使人们容易接受并产生愉悦。代表作品：法国巴黎蓬皮杜国家艺术与文化中心、香港汇丰银行等(图 4-156、图 4-157)。

图 4-156 香港汇丰银行大楼外观

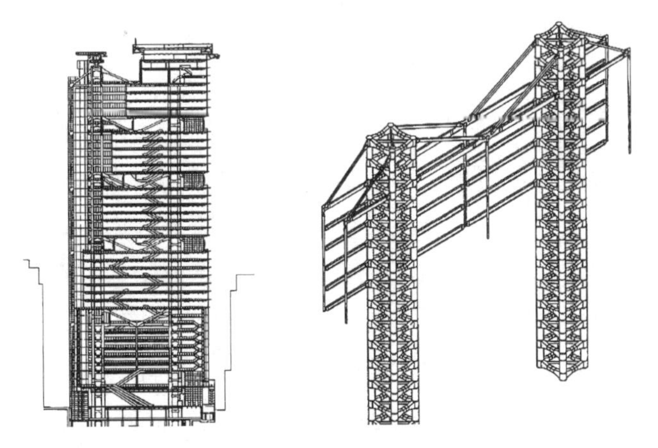

图 4-157 汇丰银行大楼剖面与结构简图

象征主义

20 世纪 60 年代较为流行的一种建筑设计倾向。象征主义追求建筑个性的强烈表现，设计的思想及意图常寓意于建筑的造型之中，能激起人们的联想。象征主义建筑在满足功能的基础上，把艺术造型和环境设计作为首要考虑的问题。它可分为具体的象征和抽象的象征两种形式。沙里宁(1910～1961 年)设计的杜勒斯国际机场候机楼航空站是象征主义代表作(图 4-158)。

● 图 4-158　杜勒斯国际机场候机楼

● 图 4-159　洛杉矶太平洋设计中心

灰色派

20 世纪 60 年代流行于欧美的一种建筑思潮。灰色派公开宣布与现代主义分道扬镳，认为建筑应该兼收并蓄各种形式，可以将古往今来不同建筑特点结合在一起。建筑是开放的、包罗万象的、联系传统的。灰色派的建筑理论基础来自于美国著名建筑师文丘里。文丘里所著的《建筑的复杂性与矛盾性》和《向拉斯维加斯学习》是灰色派的经典著作。灰色派是后现代派的主要创作思潮。

银色派

20 世纪 60 年代流行于欧美的一种建筑思潮。银色派在建筑创作中注重先进技术、综合平衡、经济效益和装修质量。其风格特征主要表现在大面积的玻璃幕墙上。其建筑特点是：一、通过大面积镜面或半反射玻璃使建筑融合在四周环境的映象或蓝天的背景之中，并能创造出影像不断变化的动态效果；二、反映工业化的时代特点，反映出新的艺术观，它光泽晶莹、现代感强；三、由于建筑材料的限制，它具有风格程式化的趋向，缺乏地方特色。银色派的代表人物是西萨・佩里。1971 年他设计了银色派的经典作品——洛杉矶太平洋设计中心(图 4-159)。

白色派

活跃于 20 世纪 70～80 年代后期。代表人物：埃森曼、格雷夫斯、迈耶等。

创作倾向：建筑作品以白色为主，追求纯净的建筑空间、体量、立体构图和光影变化，具有超凡脱俗的气派和明显的人为效果，被视为早期现代主义风格的复兴。主要接受了风格派和柯布西耶的影响。白色派建筑的主要特点是：一、建筑形式纯净，空间精细、逻辑清晰；二、结构体系规整，虚实对比、凹凸变化丰富，空间多变，建筑雕塑感强；三、建筑与环境强调对比与互补、相得益彰之中寻求新的协调；四、注重功能分区，强调公共与私密空间的划分。代表作：R・迈耶设计，道格拉斯住宅(1971～1973 年)，史密斯住宅(图 4-160)。

● 图 4-160　道格拉斯住宅

新陈代谢派

兴起于 20 世纪 60 年代前后。代表人物：日本建筑师丹下健三、槙文彦、黑川纪章等。该流派强调事物的生长、变化与衰亡，极力主张采用新的技术来解决问题，反对过去那种把城市和建筑看成固定、自然地进化的观点。认为城市和建筑不是静止的，它像生物新陈代谢那样是一个动态过程。设计中必须引进时间因素，明确各个要素的生命周期，在周期长的因素上，装置可动的、周期短的因素。

代表作：丹下健三设计，山梨县文化会馆(1966 年)(图 4-161)。

图 4-161　山梨县文化会馆

晚期现代主义

兴起于 20 世纪 60 年代以后。是西方建筑领域出现的两大创作思潮之一。晚期现代主义把现代派的观念及形式推向极端，夸张建筑物的结构与技术形象，力求使建筑具有娱乐感或有审美的愉悦，由此创立了一种精巧复杂或做作的“超现代”风格。把技术因素变成刻意追求的装饰因素，注重抽象化造型，具有手法主义倾向，形成了一种独特的“超现代”风格。

后现代主义

20 世纪 60～80 年代末期，西方建筑界出现后现代主义。代表人物：R・文丘里、P・约翰逊、M・格雷夫斯等。代表著作：文丘里，《建筑的复杂性与矛盾性》(1966 年)、《向拉斯维加斯学习》(1972 年)；布莱克，《形式跟从惨败—现代建筑何以行不通》(1977 年)；查尔斯・詹克斯，《后现代建筑语言》(1977 年)。

后现代主义建筑思潮是对 20 世纪 70 年代以后修正或背离现代主义建筑观点和原则的倾向的统称。后现代主义在现代风格基础上发展新形式的同时，注重公众交流和地方性，借鉴历史，以及强调城市文脉、装饰、表象、隐喻、公众参予、公共领域、多元论、折衷主义等等。其表现形式主要为三种：一、文脉主义；二、隐喻主义；三、装饰主义。

后现代风格是对现代风格中纯理性主义倾向的批判，强调建筑应具有历史的延续性，但又不拘泥于传统的逻辑思维方式，探索创新造型手法，讲究人情味，常在室内设置夸张、变形的柱式和断裂的拱券，或把古典构件的抽象形式以新的手法组合在一起，即采用非传统的混合、叠加、错位、裂变等手法和象征、隐喻等手段，以期创造一种融感性与理性、集传统与现代、糅大众与行家于一体的“亦此亦彼”的建筑形象与室内环境。

代表作品：文丘里设计，费城栗子山母亲的住宅(1962 年)；约翰逊设计，纽约美国电话电报公司大楼(1978～1984 年)；格雷夫斯设计，美国波特兰市政大楼(1982 年)；摩尔设计，美国新奥良市意大利广场(1984 年)；斯特林设计，德国斯图加特市新美术馆(1983 年)(图 4-162～图 4-164)。

图 4-162　斯图加特市新美术馆

图 4-163　波特兰市政大楼

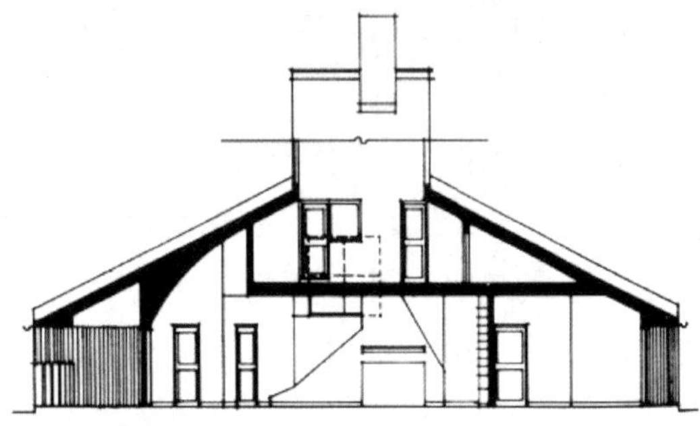

图 4-164　栗子山母亲住宅立面、剖面

解构主义

20 世纪 60 年代兴起。代表人物：弗兰克・盖里、彼得・埃森曼、扎哈・哈迪德、伯纳德・屈米、库哈斯等。解构主义是继后现代主义思潮之后产生的。就其影响的深广度，有学者称其为继现代主义、后现代主义浪潮后的第三次浪潮。

解构主义对传统古典、构图规律等均采取否定的态度，强调不受历史文化和传统理性的约束，是一种貌似结构构成解体，突破传统形式构图，用材粗放的流派。解构主义的含意就是对于结构主义哲学所认定的事物诸要素之间构成关系的稳定性、有序性、确定性的统一整体进行破坏和分解。解构主义用怀疑的眼光审视和否定一切，对许多传统观念提出了截然相反意见。解构主义建筑代表人物美国建筑师艾森曼认为解构思想的精华是"绝对的取消体系"，其基本原则是提倡偏移、参差、重叠、扭曲、扩散、裂变等全新的解构空间。

代表作品：屈米设计，巴黎拉维莱特公园(1984～1988 年)；艾森曼设计，西柏林 IBA 社会住宅(1987 年)、美国俄亥俄州立大学韦克斯纳视觉艺术中心(1989 年)；盖里设计，美国圣莫尼卡盖里的住宅(1978 年)、德国魏尔市维特拉家具博物馆(1987 年)、西班牙毕尔巴鄂市古根海姆博物馆(1997 年)(图 4-165～图 4-167)。

图 4-165　德国魏尔市维特拉家具博物馆(右为设计人弗兰克・盖里)

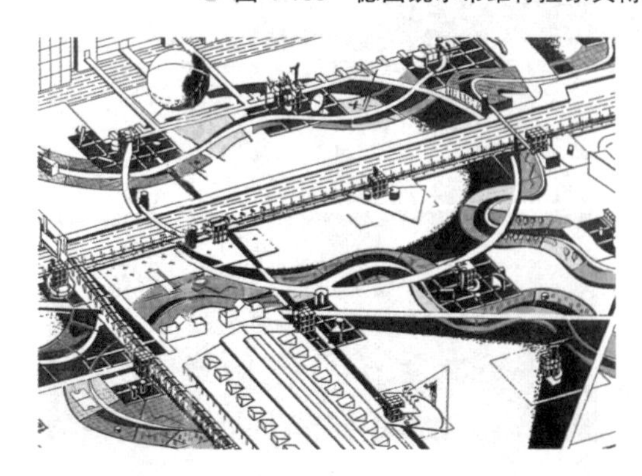

图 4-166　巴黎拉维莱特公园鸟瞰

图 4-167　巴黎拉维莱特公园局部

思考题

1. 比较、思考唐、宋、元、明、清各个时期发展过程中的显著建筑特征。
2. 中国古代单体建筑的五种主要屋顶形式分别是什么?
3. 谈谈你对自己家乡的民居特征的认识。
4. 简述四位现代主义大师的主要理论贡献。
5. 试析中国近现代历史上几次传统风格复兴及特征。
6. 简述古希腊、古罗马及拜占庭建筑的成就。

第5章　建筑的核心——建筑师

5.1　建　筑　师

建筑师(Architect)是一种职业，是以建筑学相关学科的知识以及建筑设计和技能为社会服务的专业人员。

建筑师的产生和重要性与人类营造活动的发展密切相关。

远古时期，所谓的“建筑”只是人类遮风挡雨的藏身之所，人类的建筑活动还处于“洞穴居”、“树巢居”时代，严格意义上的人工建筑尚未出现，当然也就没有专门的建筑师。

关于建筑师的较早记录出现在公元前3000年左右西亚的幼发拉底河和底格里斯河流域。两河流域的古代各王朝不遗余力地建筑宫殿和神庙，以满足统治者现实享乐和宗教祭祀方面的要求；建筑活动已成为当时人们生活的重要组成部分，遗留的帝王雕像中就有顶砖筐和审图稿形象，可见帝王和贵族们不仅仅是工匠们劳作的督促者，也还常常进行具体的设计和指导，俨然扮演了“建筑师”的角色。

作为西方文化的摇篮，古希腊、古罗马光辉灿烂的建筑艺术是西方建筑的直接源泉。尽管我们对古希腊时期建筑师们的详细情形了解不多，但今天西方各种语言中的“建筑”一词，几乎都来自于古希腊语，古希腊人称建筑师为“architecton”，可以让我们想象出古希腊时期建筑师们对雅典卫城等不朽建筑的伟大贡献。较之于古希腊，古罗马则是进行了规模更为宏大的建筑活动，不断兴建宫殿、凯旋门、竞技场和浴场，在建筑规模上、建筑类型上、建筑形式上和建筑技术上都有相当的突破。生活在这一时期的建筑师、作家维特鲁威所著的《建筑十书》，在第一书中就专门论述了建筑师的训练和素养。书中认为，建筑师应该通晓工程算术、数学、几何学、法律，以及哲学、艺术、文学和音乐等学识，还必须兼备诚实、正直、宽容和廉洁的品性。

在当今逐渐复杂的建筑营造领域，建筑师越来越多地承担着建筑投资方和专业施工方之间的沟通角色，提供比如建筑设计、结构设计和建筑设备方面的意见。现行英国法律中对建筑师的定义为：“一个拥有美学及实用方面足够的技能与知识，以至可以构思、设计、安排及监督建筑物建造的技术人员，其在工作过程中，或在作为一名专家提供服务时，需要合理地运用设计及规划的技能”。

总之，建筑师通过与工程投资方和工程施工方的合作，在技术、经济、功能和造型上实现建筑物的营造。建筑师通常为建筑投资方所聘用。

5.2　注册建筑师

5.2.1　注册师制度

注册师制度是指对从事与人民生命、财产和社会公共安全密切相关的从业人员实行资格管理的一种制度。注册师制度在英国、美国都已有百年历史，如律师、会计师、医师等均属于注册师制度管理范围的职业；同时，按照国际惯例，从事着建设工程前期决策、勘察设计、施工实施三大阶段的专业技术人员，也都应当依法取得相应的执业资格证书，并在执业证书许可的范围内从事建筑活动。

一般来说，执业注册包括专业教育、职业实践、资格考试和注册登记管理四个部分。其中，专业教育和职业实践是注册师制度的重要环节和组成部分。

执业注册作为一种个人职业资格制度，首先要求申请参加职业注册的专业技术人员必须具备注册师所规定的专业教育背景。例如在英国，皇家测量师学会和特许建筑设备工程师学会，要求申请者必须获得特定院校的专业学位；否则，必须参加基础考试或重新就读指定的院校。其次，拟申请注册的设计师，需在具有设计资质的设计公司中进行为期3～5年不等的职业实践，然后方可参加执业资格考试以取得执业资格证书；获得了执业资格证书后，需登记注册、加盟或成立设计公司，才可以设计公司的名义承接设计项目；注册设计师则可以担任项目的设计负责人。

注册师的执业注册，实施的是动态管理，获得了注册资格并不是终身制。随着学科的发展，注册师在取得注册资格后，还要参加继续教育，不断更新知识，提高业务水平，并严格遵守法律法规和执业道德，方可办理继续注册。

注册制度规定了注册设计师的权利、义务和法律责任，强调了只有取得了注册资格并被批准注册的设计人员才能从事建筑行业的设计业务。注册制度把设计质量和经济责任同设计师联系在一起，如果因建筑设计质量不合格发生重大责任事故、造成了重大损失，不仅设计单位要赔偿，而且要对负有直接责任的注册师追究责任，这有效地提高了设计质量和水平。

我国从20世纪90年代开始为从事勘察设计的专业技术人员设立了注册建筑师、注册结构工程师、注册土木工程师(岩土)等执业资格；为决策和建设咨询人员建立了注册监理工程师、注册造价师执业资格；随后又为从事建设施工的技术人员设立了注册建造师制度，同时还设立了注册规划师、注册房地产估价师、注册资产评估师、注册会计师等执业资格；从2005年起开展了注册土木工程师(港口与航道)和勘察设计类的注册化工工程师、注册电气工程师、注册公用设备工程师的执业资格考试，逐渐在勘察设计行业全方位推行注册工程师制度。

实行注册制度后，设计单位的资格管理和个人注册资格的管理相结合，综合设计院或建筑师事务所必须有规定数目的注册建筑师在职，建筑设计项目负责人也须由注册建筑师担任。中华人民共和国人事部、建设部共同负责我国土木工程建设类注册师执业资格制度的政策制定、组织协调、资格考试、注册登记和监督管理工作。

5.2.2　注册建筑师

中华人民共和国注册建筑师，是指取得中华人民共和国注册建筑师执业资格证书和注册证书的人员。注册建筑师资格制度纳入专业技术人员执业资格制度，由国家确认批准。

注册建筑师分为一级注册建筑师和二级注册建筑师。

注册建筑师依法取得注册建筑师资格证书后，可在一个建筑设计单位内执行注册建筑师业务。

注册建筑师的执业范围：建筑没计、建筑设计技术咨询、建筑物调查与鉴定、对设计项目进行施工指导和监督等。

一级注册建筑师的建筑设计范围不受建筑规模和工程复杂程度的限制，二级注册建筑师的建筑设计范围只限于承担国家规定的民用建筑工程等级分级标准三级以下的项目。

注册建筑师执业是在设计单位法人的领导下，依法从事建筑设计工作。注册建筑师有资格担任建筑工程项目负责人或建筑专业负责人，行使岗位技术职责权力，并具有对相关设计文件的签字权，承担岗位责任。注册建筑师的执业范围不得超越其所在建筑设计单位的业务范围。注册建筑师的执业范围与其所在建筑设计单位的业务范围不符时，个人执业范围服从单位的业务范围。

注册建筑师的考试科目：建筑设计(知识题)；设计前期与场地设计(知识题)；建筑经济、施工与设计业务管理；场地设计(作图题)；建筑结构；建筑材料与构造；建筑方案设计(作图题)；建筑物理与建筑设备；建筑技术设计(作图题)。

执业注册建筑师在高等教育阶段所对应的主要专业是建筑学。

5.2.3 相关专业注册师介绍

● 注册城市规划师

注册城市规划师是指通过全国统一考试，取得注册城市规划师执业资格证书，并经注册登记后从事城市规划业务工作的专业技术人员。

注册规划师的考试科目为《城市规划管理与法规》、《城市规划实务》，《城市规划原理》、《城市规划相关知识》四种。

凡在建设部批准的、具有城市规划工作资质的单位从事城市规划工作的专业技术的人员，符合相关教育和工作年限均可报考。

注册城市规划师执业资格制度属职业资格证书制度范畴，纳入专业技术人员执业资格制度的统一规划，由国家确认批准。

注册规划师制度实施后，凡城市规划部门和单位，应在其相应的城市规划编制、审批、城市规划实施管理、城市规划政策法规研究制定、城市规划技术咨询、城市综合开发策划等关键岗位配备注册城市规划师。

注册城市规划师对所经办的城市规划工作成果的图件、文本以及建设用地和建设工程规划许可文件有签名、盖章权，并承担相应的法律和经济责任。

执业注册城市规划师在高等教育阶段所对应的主要专业是城市规划专业。

● 注册结构工程师

在建筑工程设计中，建筑师虽然起着核心作用，但结构工程师对工程的质量和安全负有比建筑师更直接、更重大的责任。如果仅实行注册建筑师制度，不推行结构工程师注册制度，将不能有效地保证建筑工程的质量和安全，也会给建筑设计院的内部管理、各专业工种的职责分工、协调与配合造成一定的困难。为了与注册建筑师制度相配套，提高工程设计质量，强化结构工程师的法律责任，保障公众生命和财产安全，维护国家利益，我国勘察设计行业实行注册结构工程师执业资格制度。

注册结构工程师资格制度纳入专业技术人员执业资格制度，由国家确认批准。

注册结构工程师，是指取得中华人民共和国注册结构工程师执业资格证书和注册证书，从事房屋结构、桥梁结构及塔架结构等工程设计及相关业务的专业技术人员。

注册结构工程师分为一级注册结构工程师和二级注册结构工程师。

注册结构工程师的执业范围：结构工程设计；结构工程设计技术咨询；建筑物、构筑物、工程设施等调查和鉴定；对主持设计的项目进行施工指导和监督等。

一级注册结构工程师的执业范围不受工程规模和工程复杂程度的限制。注册结构工程师执行业务，应当在一个勘察设计单位内进行。因结构设计质量造成的经济损失，由勘察设计单位承担赔偿责任；勘察设计单位有权向签字注册结构工程师追偿。

注册结构工程师考试分为基础课(闭卷)，专业课(开卷)两大部分。

执业注册结构师在高等教育阶段所对应的主要专业是土木工程专业。

● 注册建造师

建造师是指从事建设工程项目总承包和施工管理关键岗位的专业技术人员。

建造师是以专业技术为依托、以工程项目管理为主业的执业注册人员。建造师是懂管理、懂技术、懂经济、懂法规，综合素质较高的复合型人员，既要有理论水平，也要有丰富的实践经验和较强的组织能力，其执业覆盖面较大，可涉及工程建设项目管理的许多方面。大中型工程项目的项目经理必须由取得建造师执业资格的人员担任，建筑业企业可自主聘用具有执业资格的建造师为项目经理。

一级建造师执业资格考试设《建设工程经济》、《建设工程法规及相关知识》、《建设工程项目管理》和《专业工程管理与实务》4 个科目。《专业工程管理与实务》科目分为：房屋建筑、公路、铁路、民航机场、港口与航道，水利水电、电力、矿山、冶炼、石油化工、市政公用、通信与广电、机电安装和装饰装修等14个专业类别，考生在报名时可根据实际工作需要进行选择。

执业注册建造师在高等教育阶段所对应的专业根据考试的14个专业而有差别。对注册房屋建筑、公路、铁路、民航机场、港口与航道、水利水电、市政公用和装饰装修等专业的建造师而言，一般以有土木工程专业的教育背景为主。

- 注册监理工程师

全国监理工程师执业资格考试是由人事部与建设部共同组织的全国统一的执业资格考试，考试分4个科目，考试采用闭卷形式。《工程建设监理案例分析》科目为主观题，《工程建设合同管理》、《工程建设质量、投资、进度控制》、《工程建设监理基本理论和相关法规》3个科目均为客观题。

参加全部4个科目考试的人员，必须在连续两个考试年度内通过全部科目考试；符合免试部分科目考试的人员，必须在一个考试年度内通过规定的两个科目的考试，方可取得监理工程师执业资格证书。取得执业资格证书后需到相关部门注册才能正式执业。

- 注册造价工程师

造价工程师，是指经全国造价工程师执业资格统一考试合格，并注册取得“造价工程师注册证书”，从事建设工程造价活动的人员。

根据建设部发布的《造价工程师注册管理办法》，造价工程师执业范围包括：建设项目投资估算的编制、审核及项目经济评价；工程概算、工程预算、工程结算、竣工决算、工程招标标底价、投标报价的编制、审核；工程变更及合同价款的调整和索赔费用的计算；建设项目各阶段的工程造价控制；工程经济纠纷的鉴定；工程造价计价依据的编制、审核；与工程造价业务有关的其他事项。

造价工程师对建设项目从立项、实施、竣工投产的全过程中，在造价、质量、工期三大目标上实施全面控制，全方位服务，要求造价工程师具备金融、财务、工程经济、项目管理、决策学、合同管理、经济法规、风险控制以及工程技术等多方面的知识。

- 注册电气工程师

国家对从事电气专业工程设计活动的专业技术人员实行执业资格注册管理制度，纳入全国专业技术人员执业资格制度统一规划。

注册电气工程师，是指取得《中华人民共和国注册电气工程师执业资格证书》和《中华人民共和国注册电气工程师执业资格注册证书》，从事电气专业工程设计及相关业务的专业技术人员。适用于从事发电、输变电、供配电、建筑电气、电气传动、电力系统等工程设计及相关业务的专业技术人员。

注册电气工程师执业资格考试由基础考试和专业考试组成。

凡中华人民共和国公民，遵守国家法律、法规，恪守职业道德，并具备相应专业教育和职业实践条件者，均可申请参加注册电气工程师执业资格考试。

注册电气工程师执业资格考试合格者，获《中华人民共和国注册电气工程师执业资格执业资格证书》和执业印章。经注册后，方可在规定的业务范围内执业。

注册电气工程师的执业范围：电气专业工程设计；电气专业工程技术咨询；电气专业工程设备招标、采购咨询；电气工程的项目管理；对专业设计项目的施工进行指导和监督等。

5.3 著名建筑师及其作品

5.3.1 中国著名建筑师

- 中国古代著名建筑工匠

宇文恺：隋朝人，是中国历史较早记录的著名建筑工匠。曾任掌管营建的最高官职——工部尚书。隋代东西两大都城的规划与营建，以及宫室、宗庙的兴建，几乎都出自他的手笔，在当时享有很高的声誉。隋文帝任命其负责的新都“大兴城”规划是古代城市建设史上最成功的范例之一，后发展为唐长安城。实行里坊制，人口过百万，是当时世界上规模最大的都市。

喻皓：北宋初著名建筑工匠，擅长造塔。曾主持修筑杭州梵天寺木塔、汴梁(今开封)开宝寺木塔。所著《木经》三卷，是中国古代重要的建筑学专著，在《营造法式》成书前曾被木工奉为典范，惜已失传，仅在沈括《梦溪笔谈》中略见梗概。

李诫：北宋著名建筑师。长期在将作监(主管土木建筑工程的机构)供职，主持营建了各类重要宫殿与宗庙建筑，工程业绩突出。他在建筑史上最大的贡献，是编修了《营造法式》，成为宋代官方建筑的规范。《营造法式》全书共计三十六卷，几乎包括了当时建筑工程以及和建筑有关的各个方面，把历代工匠的建筑经验加以系统化、理论化，是建筑科学技术的巨著。元、明木构建筑，乃至清朝的《工程做法则例》都是它的继承与发展。在中国古代木结构建筑上起着承前启后的作用。

计成：明代著名造园家。他根据丰富的实践经验，整理了古代园林的大量图纸，编著了中国最早的和最系统的造园著作《园冶》。《园冶》被誉为世界造园学最早的名著。

蒯祥：明代建筑匠师。曾参加或主持多项重大的皇室工程，官至工部侍郎。负责建造的主要工程有北京皇宫、皇宫前三殿、长陵、献陵、裕陵等，表现出在规划、设计和施工方面的杰出才能。承天门(清朝改称天安门)是蒯祥的代表性作品。

● 中国近现代著名建筑师

第一代建筑师：

20 世纪初，现代意义上的建筑学才引入中国。1923 年，苏州工业专科学校创办建筑科，标志着中国建筑教育的开始。20 世纪 20～30 年代，从海外留学归来的建筑学子们构成了我国第一代建筑师群体，其中，以吕彦直、梁思成、杨廷宝、刘敦桢和童寯等人为代表，他们历尽艰辛不断实践与开创，为现代中国的建筑发展奠定了基础(图 5-1)。

图 5-1　从左至右依次为：吕彦直、梁思成、杨廷宝、刘敦桢、童寯

吕彦直(1894～1929 年)：我国近代杰出的建筑师。早年赴美国康奈尔大学攻读建筑工程。1925 年回国后，独立创办建筑事务所。他的设计“自由钟”方案在南京中山陵设计竞赛上荣获首奖并成为实施方案，他作为总建筑师全程负责了工程实施。之后，又设计并主持了广州中山纪念堂和中山纪念碑的设计工作。两组项目都是民族特色鲜明的大型建筑组群，是我国近代建筑中融汇东西方建筑技术与艺术的代表作，为其赢得巨大声誉。吕彦直于 1929 年因病去世，年仅 36 岁。在短促的一生中，他为弘扬民族文化，在中国近代建筑史上留下了宝贵的精神财富。

梁思成 (1901～1972 年)：晚清著名改革家梁启超的长子。早年赴美留学，先后在哈佛大学、宾夕法尼亚大学建筑系学习，获硕士学位。回国后，先后创办东北大学建筑系、清华大学建筑系，中国营造学社创始人之一。是我国著名的建筑家、教育家，中国建筑教育的奠基人之一。主要作品有吉林大学礼堂和教学楼、仁立公司门面、北京大学女生宿舍、人民英雄纪念碑、鉴真和尚纪念堂等。著有《中国建筑史》、《中国艺术雕塑篇》、《中国雕塑史》、《梁思成文集》等。

杨廷宝(1901～1982年)：中国近现代建筑设计开拓者之一。建筑学家、建筑教育学家。1921～1926年赴美国宾夕法尼亚大学建筑系深造。1927年回国后，与友人创办了最早的华人建筑事务所——基泰工程司，长期从事设计创作。1940年，兼任中央大学建筑系教授；1949年任南京大学(现东南大学)建筑系教授，兼系主任。曾任南京工学院副院长、江苏省副省长、中国建筑学会理事长、国际建筑师协会副主席。主要作品有南京中央医院、南京中央体育场、中山陵音乐台、中央研究院社会科学研究所、京奉铁路辽宁总站、北京交通银行、清华大学图书馆扩建工程等。著有《杨廷宝素描画选》、《杨廷宝建筑设计作品集》、《杨廷宝建筑言论集》、《杨廷宝谈建筑》。

刘敦桢(1897～1968年)：我国第一代建筑学家、建筑教育家。1913～1921年留学日本，毕业于东京高等工业学校建筑科。1922年回国，1925年任教于我国第一所建筑院校——苏州工业专科学校建筑科(后并入中央大学)，1931年加入中国营造学社，1943年任中央大学教授，1946年任中央大学工学院院长。1949～1952年任南京大学建筑系教授，1960～1968年间任建筑系主任。1953年，创办中国建筑研究室。从1959年起主持编著《中国古代建筑史》，“文革”后出版。其他重要学术著作有《中国住宅概说》、《苏州古典园林》，以及《刘敦桢文集》(1～4卷)。

童寯(1900～1983年)：我国第一代建筑学家、建筑教育家。1925年留学美国，入宾夕法尼亚大学建筑系，1928年获硕士学位。毕业后在美国工作两年，1930年回国。1930～1931年任东北大学建筑系教授、系主任。1932年与赵深、陈植创建华盖建筑师事务所。1944年起兼任中央大学建筑系教授。1949年以后一直任南京工学院建筑系教授、建筑研究所副所长。主要作品：南京外交部大楼、大上海大戏院、上海浙江兴业银行、南京首都饭店、上海金城大戏院、南京下关电厂、南京中山文化教育馆、南京地质矿产陈列馆等。著有《江南园林志》、《中国园林》、《东南园墅》、《近百年西方建筑史》、《童寯画选》、《童寯素描选》等著作。

第二三代及当代建筑师：

和第一代建筑师们大都具有海外留学的背景所不同，第二代、第三代建筑师总体上是在本土高等建筑教育创立后由我国培养成长起来的。他们往往直接或间接师从于第一代建筑大师，并亲历了新中国的诞生、经济社会的起落和发展，也亲历了建筑教育的开拓与成熟，其创作历程和共和国的成长同步，因而其实践更多地根植于民族精神与现实国情。

第二代建筑师中不乏杰出的建筑家，他们既继承前人，又执著地进行着历史条件下的新探索。如清华大学吴良镛教授在北京菊儿胡改建中对新传统院落的塑造；东南大学齐康教授的代表作南京大屠杀遇难同胞纪念馆(见图4-77)、福建武夷山庄等对现代艺术与人文精神的精炼与秉承；天津大学彭一刚教授设计的甲午海战纪念馆(见图4-78)，则着力于雕塑般的纪念空间的尺度凝练。这些典例都极具时代意义和探索精神。

第三代建筑师以及改革开放后成长起来的当代建筑师们，则跻身于国际化潮流之中，其作品更具时代感与超前性。如程泰宁设计的杭州铁路新客站、浙江美术馆等作品，马国馨规划设计的北京亚运会建筑，刘力设计的炎黄艺术中心等，将扎实稳健的设计功底与新艺术探索更为深入紧密地结合于一体。

在国际交流日益紧密的当代，还涌现出了以张永和、马清运、崔凯等为代表的新锐建筑师，他们纷纷在重大项目中崭露头角，其创作活动在新艺术、新空间、新技术和新思维等方面积极探索，一批批佳作不断呈现。

5.3.2　部分普利茨克建筑奖获奖建筑师作品及理论

- 关于普利茨克建筑奖

由美国凯悦基金会(The Hyatt Foundation)1976年设立的普利茨克建筑奖(The Pritzker Architecture Prize)是建筑界的重要奖项，用以表彰对建筑艺术、人类环境作出特别贡献的、最富想象力的、最具责任感的在世建筑师，被誉为“建筑界的诺贝尔奖”。每年，世界各国有数以百计杰出的建筑师参与该奖项的角逐。

普利茨克建筑奖奖章以美国著名建筑师、“摩天楼之父”沙利文(Louis Sullivan)的设计为基础，奖章的一面刻有获奖建筑师的名字，另一面则刻录了古罗马作家维特鲁威所著《建筑十书》中的名言：“Firmness”、“commodity”、“Delight”，即坚固、实用、美观，完整地概述了建筑的基本特性(图5-2)。

图5-2 普利茨克建筑奖奖章

历届普利茨克建筑奖获奖者名单 表5-1

获奖年份	国籍	建筑师	作品
1979年	美国	菲利普·约翰逊 Philip Johnson	◎菲利普·约翰逊住宅(美国，马萨诸塞州，坎布里奇，1949～1971) ◎加登格罗夫社区教堂(水晶教堂)(美国，洛杉矶，1980) ◎美国电话电报公司总部(美国，纽约，曼哈顿区，1984)
1980年	墨西哥	刘易斯·巴拉干 Luis Barragan	◎巴拉干自宅兼工作室(墨西哥，墨西哥城，1947) ◎圣·克里斯特博马厩与别墅(墨西哥，墨西哥城，1967～1968)
1981年	英国	詹姆斯·斯特林 James Stirling	◎莱斯特大学工程馆(英国，英格兰，1959～1963) ◎剑桥大学历史系馆(英国，剑桥，1964～1967) ◎布朗工厂总部和厂房(德国，梅尔桑金，1986～1992)
1982年	美国	凯文·罗奇 Kevin Roche	◎马萨诸塞大学美术中心(美国，马萨诸塞州，阿姆赫斯特市，1964～1974) ◎奥克兰博物馆(美国，加利福尼亚州，奥克兰市，1961～1969)
1983年	美国	贝聿铭 I. M. Pei	◎国家美术馆东馆(美国，华盛顿，1976～1978) ◎卢佛尔宫前玻璃金字塔(法国，巴黎，1984～1986) ◎香港中国银行大厦(中国，香港，1982～1990)
1984年	美国	理查德·迈耶 Richard Meier	◎史密斯住宅(美国，康涅狄格州，达里恩，1965～1967) ◎道格拉斯住宅(美国，密歇根州，1971～1973)
1985年	奥地利	汉斯·霍莱因 Hans Hollein	◎门兴格拉德巴赫市博物馆(德国，门兴格拉德巴赫市，1982) ◎法兰克福现代艺术博物馆(德国，法兰克福，1993) ◎多瑙城公立小学(奥地利，维也纳，1997)
1986年	德国	戈特弗里德·玻姆 Gottfried Bohm	◎WDR新建筑(德国，科隆，1996)
1987年	日本	丹下健三 Kenzo Tange	◎香川县厅舍(日本，香川，1955～1958) ◎东京都新市政厅大厦(日本，东京，1985～1991)
1988年	巴西	奥斯卡·尼迈耶 Oscar Niemeyer	◎巴西议会大厦(巴西，巴西利亚，1957～1958)
1988年	美国	戈登·邦夏 Gordon Bunshaft	◎耶鲁大学珍本图书馆(美国，耶鲁大学，1960～1963)
1989年	美国	弗兰克·盖里 Frank Gehry	◎毕尔巴鄂古根海姆博物馆(西班牙，毕尔巴鄂市，1993～1997) ◎沃特迪斯尼音乐厅(美国，洛杉矶，1999～2002) ◎EMR通信与技术中心(德国，贝·奥豪森，1992～1995)
1990年	意大利	阿尔多·罗西 Aldo Rossi	◎博巴方丹博物馆新馆(荷兰，1990) ◎圣卡罗公墓(意大利，摩德纳，1971～1978)
1991年	美国	罗伯特·文丘里 Robert Venturi	◎母亲之家(美国，费城，1964) ◎普林斯顿大学巴特勒学院胡堂(美国，1983～1966)

续表

获奖年份	国　籍	建　筑　师	作　　品
1992年	葡萄牙	阿尔瓦罗·西扎 Alvaro Siza	◎波·诺瓦餐厅茶室(葡萄牙，波尔图) ◎加利西亚当代艺术中心(西班牙，圣地亚哥，1988～1993) ◎阿维罗大学水塔和图书馆(葡萄牙，波尔图，1973)
1993年	日　本	槙文彦 Fumihiko Maki	◎风山火葬场(日本，中津市，1997) ◎代官山集合住宅(日本，东京，1969～1992)
1994年	法　国	克里斯蒂安·德·波特赞姆巴克 Christian de Portzamparc	◎音乐之城(法国，巴黎，1984～1995) ◎巴黎歌剧院舞蹈学校(法国，南特，1983～1987)
1995年	日　本	安藤忠雄 Tadao Ando	◎水之教堂(日本，神户，1985～1988) ◎峡山水库历史博物馆(日本，大阪，1994～2001) ◎当代艺术博物馆Ⅰ、Ⅱ(日本，直岛，1988～1992)
1996年	西班牙	乔斯·拉斐尔·莫尼欧 Jose Rafael Moneo	◎对角线大厦(西班牙，巴塞罗那，1986～1993) ◎库赛尔音乐中心(西班牙，圣萨巴斯蒂安，1990～1999) ◎圣索菲亚大教堂(美国，洛杉矶，1996～2002)
1997年	挪　威	斯维勒·费恩 Sverre Fehn	◎爱佛·阿森博物馆(挪威，奥斯塔，2001)
1998年	意大利	伦佐·皮亚诺 Renzo Piano	◎蓬皮杜艺术与文化中心(法国，巴黎，1977) ◎艾贝欧文化中心(新喀里多尼亚，1991～1994) ◎关西国际机场(日本，大阪，1988～1994)
1999年	英　国	诺曼·福斯特 Norman Foster	◎柏林国会大厦(德国，柏林，1984～1999) ◎德意志商业银行总部(德国，法兰克福，1994～1997)
2000年	荷　兰	雷姆·库哈斯 Rem Koolhas	◎康奈现代艺术中心(荷兰，鹿特丹，1987～1992) ◎达尔雅瓦别墅(法国，巴黎，1991) ◎乌特勒克教育馆(荷兰，乌瑟夫，1997)
2001年	瑞　士	雅克·赫尔佐格 Jacques Herzog 皮埃尔·德梅隆 Pierre de Meuron	◎泰特现代美术馆(英国，伦敦，2000) ◎戈兹美术馆(德国，慕尼黑，1989～1992)
2002年	澳大利亚	格伦·马库特 Glenn Murcutt	◎玛格尼住宅(澳大利亚，新夏威夷，1984～1988) ◎亚瑟与翁尼·伯伊德艺术中心(澳大利亚，西坎贝瓦拉，1996～1999)
2003年	丹　麦	约翰·伍重 John Utron	◎悉尼歌剧院(澳大利亚，悉尼，1957～1973)
2004年	英　国	扎哈·哈迪德 Zaha Hadid	◎维特拉消防站(德国，1991～1993) ◎罗森塔尔当代艺术中心(美国，俄亥俄州，辛辛那提，1999～2003)
2005年	美　国	汤姆·梅恩 Thom Mayne	◎蒙德农场中学(美国，加利福尼亚州，波摩那，1993～2000) ◎太阳大厦(韩国，首尔，1997)
2006年	巴　西	保罗·门德斯·达·洛查 Paulo Mendes da Rocha	◎Paulistano运动员俱乐部(巴西，圣保罗，1958) ◎圣彼得教堂(巴西，1987)
2007年	意大利	理查德·罗杰斯 Richard Rogers	◎蓬皮杜艺术与文化中心(法国，巴黎，1977) ◎千年穹顶(英国，伦敦，2000)
2008年	法　国	扬·努维尔 Jean Nouvel	◎里昂歌剧院(法国，里昂，1986) ◎阿拉伯文化中心(法国，巴黎，1986)
2009年	瑞　士	彼得·祖索尔 Peter Zumthor	◎瑞士瓦尔斯温泉浴场(瑞士，1996)

- 部分普利茨克建筑奖获奖建筑师作品及理论介绍

菲利普·约翰逊(1906～2005年)

——1979年，首届普利茨克建筑奖得主

菲利普·约翰逊早年毕业于哈佛大学，获文学学士学位，在相当长的时期内就职于纽约现代艺术博物馆，担任建筑部门的主任；后再次赴哈佛大学学习，并于1943年从建筑设计学院毕业，从此菲利普·约翰逊在建筑理论、建筑设计领域精心耕耘50多年，于现代和传统中反复探索，逐渐成为美国建筑界的主导力量。

水晶教堂于1980年在美国加利福尼亚州建成；透明玻璃墙体和屋顶所围合而成的明亮空间挑战了传统宗教建筑室内的幽深和神秘感(图5-3、图5-4)。

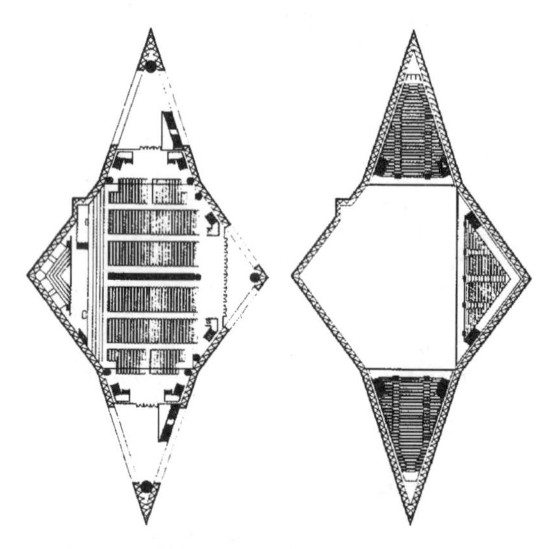

图5-3　水晶教堂平面图

图5-4　水晶教堂外观效果

美国电话电报大楼于1984年落成于纽约；顶部断裂的山花及外墙所采用的磨光花岗石与20世纪60～70年代盛行的玻璃幕墙方盒子建筑有很大不同，带有意大利文艺复兴的复古情怀(图5-5～图5-8)。

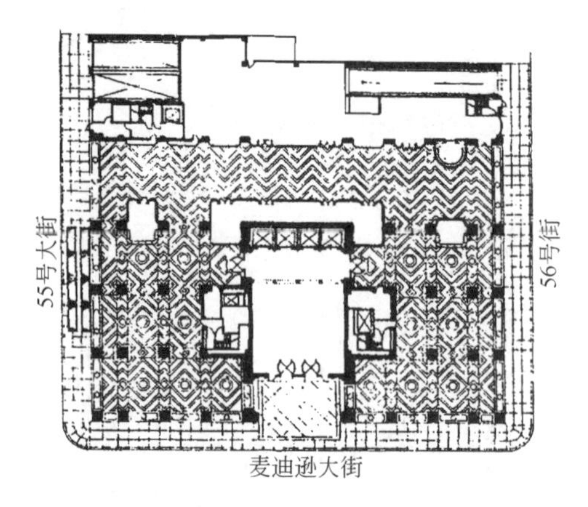

图5-5　电报电话公司大楼平面图

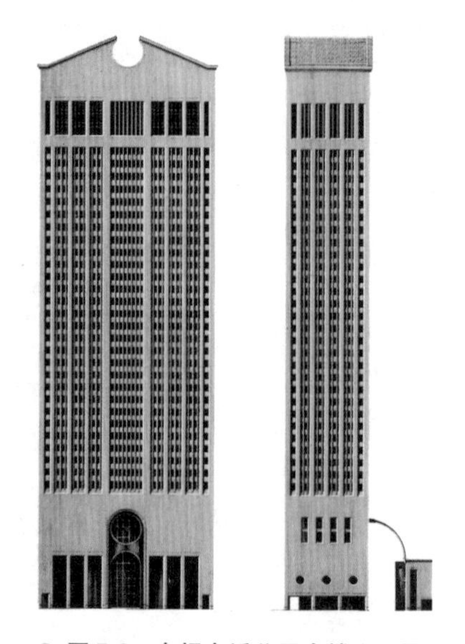

图5-6　电报电话公司大楼立面图

图5-7　电报电话公司大楼实景图

图 5-8　电报电话公司大楼入口实景图

贝聿铭(1917～　)

——1983 年，华裔普利茨克建筑奖得主

贝聿铭出生于中国广东，后赴美国留学并加入美国籍。他在第一代现代建筑大师注重技术和经济的基础上，强调历史和文化，强调建筑个性，是 20 世纪中、后期世界级建筑大师。贝聿铭善于使用三角形、菱形等几何形态，较好地展示了建筑艺术的雕塑感。贝聿铭在美国、法国、日本、中国等国都有重要作品，在这些设计中，他注重建筑与环境的协调、建筑与历史的传承，取得巨大成功。

华盛顿国家美术馆东馆是贝聿铭的优秀代表作品之一，于 1978 年落成。该建筑坐落在美国华盛顿市内极为重要的位置，其地段形状不规整，呈斜角梯形。建筑师将梯形分成两个三角形，一个为陈列馆，一个为研究中心，建筑的构思是由三角形演变而来的。陈列馆的中心是有天桥相连的多层中央大厅，大厅顶部设计为玻璃天窗。建筑造型简洁而庄重，具有现代风格，其与近旁的议会大厦等古典风格建筑在对比中又有融合(图 5-9～图 5-13)。

香港中国银行大厦，1990 年完工。总建筑面积 12.9 万 m^2，地上 70 层，楼高 315m，加顶上两杆的高度共有 367.4m。结构采用 4 角 12 层高的巨型钢柱支撑，室内无一根柱子。中银大厦是一个正方平面，

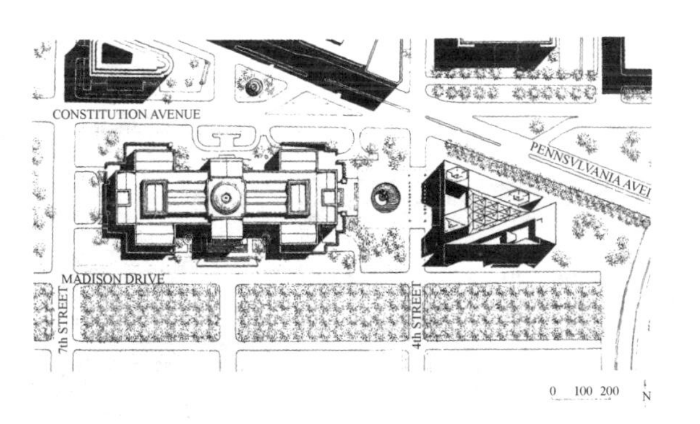

图 5-9　华盛顿国家美术馆东馆总平面图

图 5-10　华盛顿国家美术馆东馆剖面图

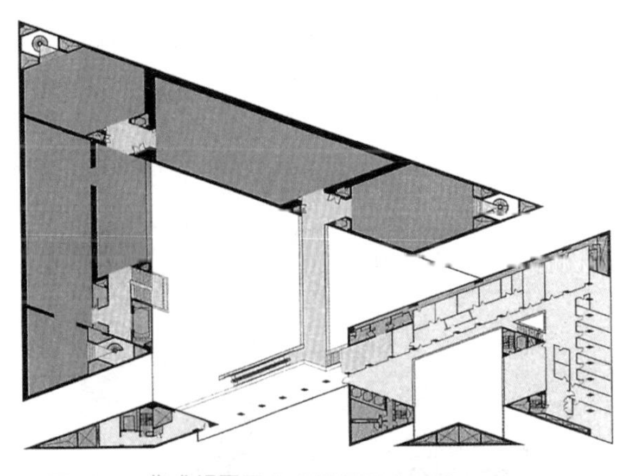

图 5-11　华盛顿国家美术馆东馆平面图

图 5-12　华盛顿国家美术馆东馆实景图

对角划成 4 组三角形，每组三角形的高度不同，节节高升，使得各个立面在严谨的几何规范内变化多端，外形像竹子的“节节高升”，象征着力量、生机、茁壮和锐意进取的精神。基座的麻石外墙代表长城、代表中国(图 5-14～图 5-16)。

● 图 5-13　华盛顿国家美术馆东馆室内实景图

● 图 5-14　香港中银大厦实景图之一

● 图 5-15　香港中银大厦实景图之二

● 图 5-16　香港中银大厦实景图之三

1983 年起，经当时法国总统密特朗亲自选定，贝聿铭承担了卢佛尔宫扩建工程。新建的玻璃金字塔，位于 U 字形庭院的中心，是庞大的地下工程的采光口，也是扩建后卢佛尔宫的主入口。主金字塔高 70ft，晶莹剔透，不仅能反射、透射原有卢佛尔宫的历史风貌，而且，其简洁造型中所固有的凝聚力，更让它成为整体建筑的视觉中心(图 5-17～图 5-19)。

● 图 5-17　卢佛尔宫扩建实景图之一

● 图 5-18　卢佛尔宫扩建实景图之二

图 5-19　卢佛尔宫扩建实景图之三

图 5-20　苏州博物馆外观实景图之一

图 5-21　苏州博物馆内部实景图之二

苏州博物馆是中国地方历史艺术性博物馆，位于苏州市东北街，建于 1960 年的老馆馆址为太平天国忠王李秀成王府遗址，是全国重点文物保护单位。2006 年 10 月落成的新馆由贝聿铭设计。新馆建筑群坐北朝南，中轴线对称；中轴部分为入口、前庭、中央大厅和主庭院；西部为博物馆主展区；东部为次展区和行政办公区。布局方式和新馆东侧的忠王府格局相互映衬，十分和谐。为充分尊重所在街区的历史风貌，博物馆新馆采用地下一层，地面一层为主，主体建筑檐口高度控制在 6 米之内；新馆的色调采用传统的粉墙黛瓦，但细部构造却用色彩更为均匀的深灰色石材做屋面和墙体边饰，为江南建筑符号增加了新的诠释内涵，成为一座既有苏州传统园林建筑特色，又有现代建筑艺术几何造型，布局精巧，设施完备，并能在各个细节上体现出丰富人文内涵的现代化综合性博物馆(图 5-20、图 5-21)。

安藤忠雄(1941～　)

——1995 年，未接受过正规建筑教育的普利茨克建筑奖得主

未接受过正规建筑教育的安藤忠雄从木工学徒起步，游历欧美考察建筑，以对建筑光影的敏锐感觉，对施工工艺的精益求精，用引之西方的混凝土，构筑富有东方哲理的建筑，演绎日本传统美学。光滑如丝的清水混凝土墙体将他折射成了一位混凝土诗人，一位杰出工匠，一位建筑大师。

1976 年建于大阪，并于 1979 年获日本建筑学会奖的“住吉的长屋”，是在一块狭长的基地上，对原有的木构建筑拆除重建。安藤忠雄并未拘泥于周边建筑的砖木材料和传统形式，而是采用清水混凝土建造了一栋外观封闭、现代的住宅；但是，这栋仅 100 多平方米、带内院的二层住宅，除了满足基本的生活起居外，还为业主提供了与自然接触、沟通的可能；更难能可贵的是，设计师用当代建筑空间组合的方式，表达了日本传统文化中洗练、内敛的含义(图 5-22～图 5-24)。

1998 年落成的北海道“水之教堂”是由 10 米和 15 米见方的两个方盒子组成，10 米的混凝土结构体

图 5-22　住吉的长屋模型图

图 5-23　住吉的长屋内部实景图

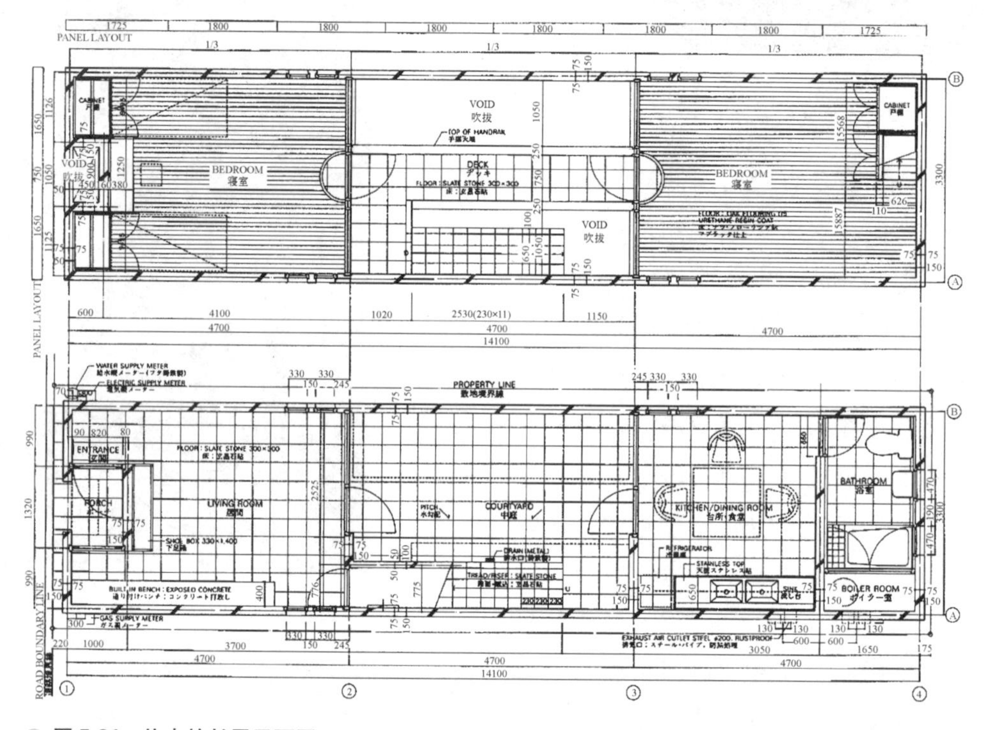

图 5-24　住吉的长屋平面图

上方是一层玻璃盒子，四个立面各竖起一个混凝土十字架，这个前厅很清晰地传达建筑物的功能。环绕它们的是一道“L”形的独立的混凝土墙，人们在这道长长的墙的外面行走是看不见水池的，只有在墙尽头的开口处转过 180°，参观者才第一次看到水面。在这样的视景中，人们走过一条舒缓的坡道来到四面以玻璃围合的入口。这是一个光的盒子，天穹下矗立着 4 个独立的十字架。玻璃衬托着蓝天使人冥思禅意。整个空间中充溢着自然的光线，使人感受到宗教礼仪的肃穆(图 5-25～图 5-27)。

图 5-25　水之教堂实景图之一

图 5-26　水之教堂实景图之二

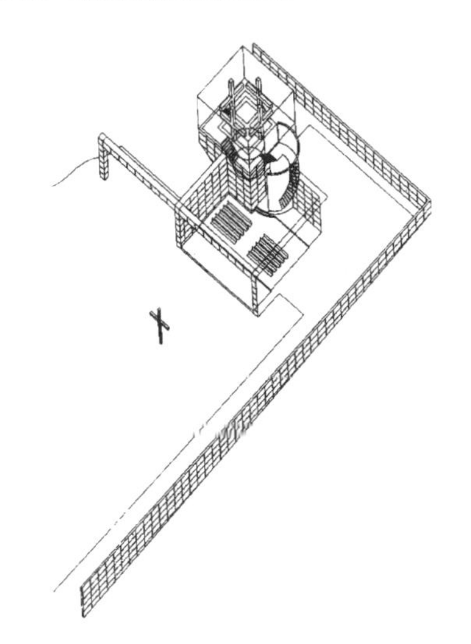

图 5-27　水之教堂轴测图

雷姆·库哈斯(1944～　)

——2000年，身为作家、都市设计师、建筑师的普利茨克建筑奖得主

先是以记者和编剧的身份出现，关注、学习、研究建筑，然后集作家、都市设计师、建筑师为一体，在学术研究领域及设计实践中建树颇多。20世纪70年代末出版的《疯狂的纽约》研究了都市文化对建筑的影响，在建筑界有较大反响，也是库哈斯由建筑评论家向建筑师转变的里程碑。库哈斯在很多大型规划、设计项目竞标中都有独到的设计，而在北京落成的中央电视台CCTV大厦，让世界的目光再次集中于他。

达尔亚瓦别墅位于巴黎塞纳河畔，其地理位置要求其不仅是一幢房屋，更是一件艺术品。为了保存视觉关系，又与现有建筑之间的复杂关系相协调，设计师将地段分为三块东西走向的带状区域(图5-28～图5-31)。

乌特勒克教育馆的工程计划是乌得勒克大学现代

图 5-28　达尔亚瓦别墅实景图之一

图 5-29　达尔亚瓦别墅实景图之二

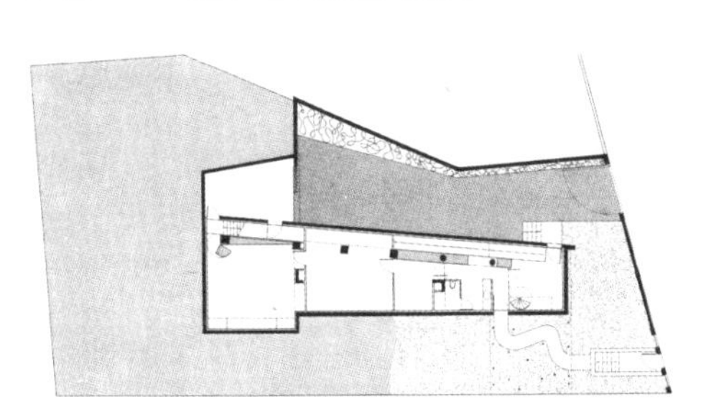

图 5-30　达尔亚瓦别墅底层平面图

图 5-31　达尔亚瓦别墅实景图之三

化与都市化的第一个阶段。入口处设计成一个倾斜平面，户外的门廊设计成一个非正式的讲台。教育馆的流线围绕这两条回廊组成，将一个平面划分成 4 部分，并且发挥主要联络网的功能。整个设计着眼于创造一个综合的景观，提供给多样的选择(图 5-32～图 5-34)。

图 5-32　乌特勒克教育馆实景图之一(白昼)

图 5-33　乌特勒克教育馆实景图之二(白昼)

于 2008 年建成并投入使用的中国中央电视台 CCTV 大厦，位于北京中央商务区的规划区域内，这座高 230 多米、面积 40 多万平方米、外形竖向扭转成环、非同现有定义的摩天楼，试图消除其自身与城市的隔阂，将建筑融入地块、街区、城市的肌理之中；且作为一幢造型极具雕塑感的高层建筑，推动了高层建筑设计理念、结构体系的探索(图 5-35、图 5-36)。

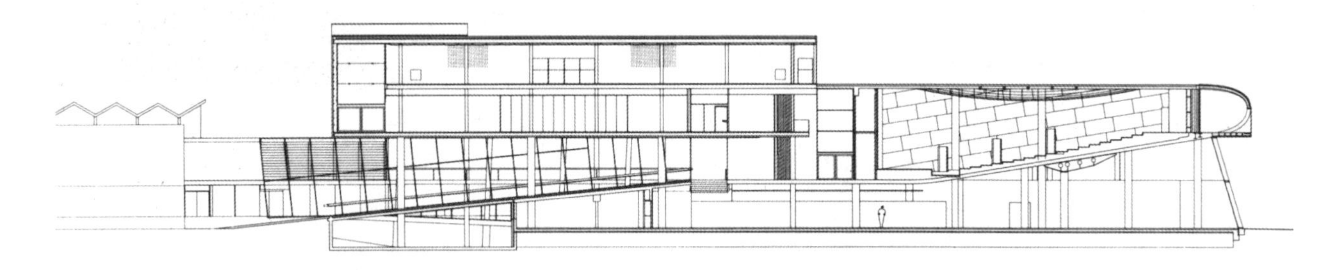

图 5-34　乌特勒克教育馆剖面图

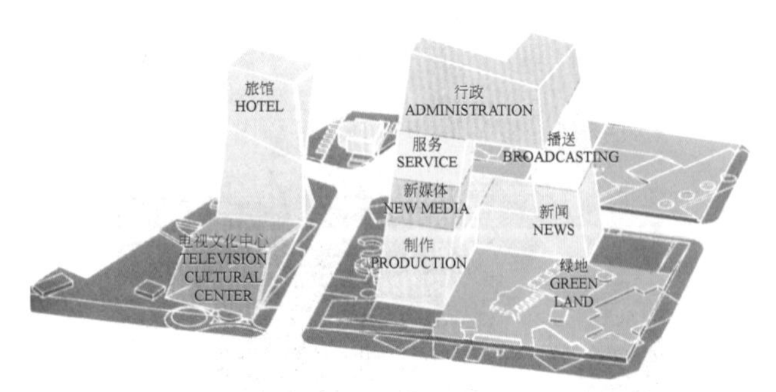

图 5-35　CCTV 大楼功能分布图

约翰·伍重(1918～2008 年)

——2003 年，最滞后的普利茨克建筑奖得主

从 1956 年悉尼歌剧院设计方案入选、1973 年歌剧院落成、2003 年获普利茨克建筑奖，其间经历了

图 5-36　CCTV 大楼效果图

差不多半个世纪之久，让我们看到了建筑师的坚韧和不懈，看到了建筑的永恒。当然，伍重的贡献不仅局限于悉尼歌剧院，他在住宅建筑、宗教建筑及其他各种类型建筑的设计中表现出的人性、理性、美，让他无愧于这滞后的奖项。

作为一名尚不知名的年轻建筑师，伍重用他非凡的想象力赢得了 1957 年悉尼歌剧院的国际招标。历时 14 年，克服了结构、构造、经济等诸多问题，歌剧院最终落成于悉尼海湾的半岛上。高高的台基和银白的壳体内是 2700 座的音乐厅、1550 座的歌剧厅和 550 座的小剧场，以及展览厅、图书馆、餐厅等公共设施，总建筑面积近 9 万平方米，却以不可思议的轻盈扬帆在蔚蓝的海面，成为悉尼及澳大利亚的标志(图 5-37～图 5-39)。

图 5-37　悉尼歌剧院外观图之一

图 5-38　悉尼歌剧院外观图之二

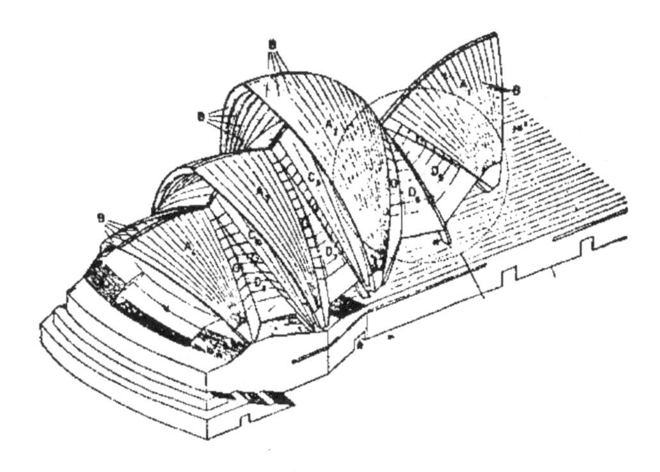

图 5-39　悉尼歌剧院分析图

Bagsvaerd 教堂于 1976 年建于丹麦首都哥本哈根市郊，设计师对当代教堂建筑的造型进行了积极探索。受到早期工业化的影响，教堂外墙用金属框固定了一块块硕大的预制墙板，顶部为玻璃天窗，跌落式的外形、不够明确的钟楼，似乎更像一座现代化工厂；平面拉得很长，穿插着小封闭的内院，室内各空间靠走廊连接，明快舒展(图 5-40～图 5-42)。

图 5-40　Bagsvaerd 教堂外观图之一

图 5-41　Bagsvaerd 教堂外观图之二

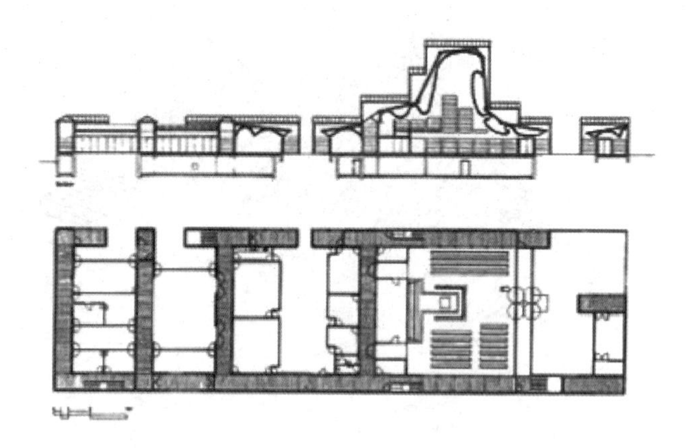

图 5-42　Bagsvaerd 教堂剖面图/平面图

图 5-44　维特拉消防站实景图之二

扎哈·哈迪德(1950～　)

——2004 年，现有唯一的女性普利茨克建筑奖得主

作为现有唯一的女性普利茨克建筑奖得主，扎哈·哈迪德以其特有的敏锐，活跃在建筑设计和建筑教育领域。她设计、建成的作品尚不多，但那些大胆的、动态的、转换了几何形态的建筑，超越了现有的建筑形式和技术，创造了一种新的建筑语言，表达了扎哈·哈迪德的过人天赋。

维特拉消防站由混凝土浇筑而成，建筑全长 100 米。建筑师在研究了厂区建筑和周边环境的基础上，提炼出的建筑空间模式长向而狭窄，表现了田野及山景的线性结构，也反映出了消防站的特性：速度和运动。建筑给人以强烈的视觉冲击力，仿佛瞬间凝结一般(图 5-43、图 5-44)。

图 5-43　维特拉消防站实景图之一

法国斯特拉斯堡停车场和终点站的设计概念是一个场和线的叠加，它们结合在一起形成了不断转换的体系。那些“场”是由电车、汽车、自行车和行人的运动所造成的图案。每一个都有一种静态的特征，同时也有一个方向和轨迹。就好像不同交通方式之间的转换(由汽车到电车，由火车到电车)被车站的材料和空间的转换、景观和内容的转换而表示出来(图 5-45、图 5-46)。

图 5-45　停车场和车站实景图之一

图 5-46　停车场和车站实景图之二

思考题

1. 什么是注册师制度?
2. 执业注册主要包括哪四个部分?
3. 目前我国土木工程职业注册制度具体有哪些分类?
4. 绘制平面及透视简图，评析二至三名当代建筑大师的设计作品。
5. 列举中国第一代建筑师，简述其学术贡献。

参 考 书 目

[1] 吴焕加. 20世纪西方建筑史. 北京：中国建筑工业出版社，1998.

[2] 严坤. 普利茨克建筑奖获得者专著. 北京：中国电力出版社，2005.

[3] 毛坚韧. 外国现代建筑史图说. 北京：中国建筑工业出版社，2008.

[4] 卜德清，唐子颖，刘培善，宋效巍. 中国古代建筑与近现代建筑. 天津：天津大学出版社，2000.

[5] 沈福熙. 建筑概论. 上海：同济大学出版社，1994.

[6] 大师系列丛书编辑部. 瑞姆·库哈斯的作品与思想. 北京：中国电力出版社，2005.

[7] 霍达，曹玉生，陈向东，王湛. 土木工程概论. 北京：科学出版社，2007.

[8] 全国职业高中建筑类专业教材编写组编. 建筑构造.（全国职业高中国家教委规划教材）. 北京：高等教育出版社，1994.

[9] 中国建筑标准设计研究院，北方工业大学建筑学院. 建筑实践教学及见习建筑师图册（国家建筑标准设计图集05SJ810）. 中国建筑标准设计研究院，2005.

[10] 颜宏亮. 建筑构造设计. 上海：同济大学出版社，1995.

[11] 刘昭如. 建筑构造设计基础. 北京：科学出版社.

[12] 杨金铎，房志勇. 房屋建筑构造. 北京：中国建材工业出版社，1997.

[13] 吴曙球. 民用建筑构造与设计. 天津：天津科学技术出版社，1997.

[14]（美）爱德华·艾伦. 建筑初步. 刘晓光，王丽华，林冠兴 译. 北京：中国水利水电出版社出版，2003.

[15]（日）设备与管理编辑部编（1999年）. 图解建筑设备基础百科. 赵荣山，郄志红，周晓巍 等译. 北京：科学出版社，2003.

[16] 罗小未. 外国近现代建筑史. 北京：中国建筑工业出版社，2004.

[17] 杨永生. 建筑百家评论集. 北京：中国建筑工业出版社，2000.

[18] 陈志华. 外国建筑史. 北京：中国建筑工业出版社，2004.

[19] 陈志华. 北窗杂记——建筑学术随笔. 河南：科学技术出版社，1999.

[20] 龚学平等. 新上海图库. 上海：浦东电子出版社，2004.

[21] 上海优秀近代保护建筑回眸. 上海：上海人民出版社，2001.

[22] 李海清. 中国建筑现代转型. 南京：东南大学出版社，2004.

[23] 谢建军，李媛译. 向大师学习——建筑师评建筑师. 北京：中国水利水电出版社，2003.

[24] 郑时龄. 上海近代建筑风格. 上海教育出版社，1999.

[25] 王受之. 世界现代建筑史. 北京：中国建筑工业出版社，1999.

[26] 杨永生，刘叙杰，林洙. 建筑五宗师. 北京：百花文艺出版社，2005.

[27] 东南大学建筑系. 杨廷宝建筑设计作品选. 北京：中国建筑工业出版社，2001.

[28] 北京市规划委员会，北京城市规划学会. 北京十大建筑设计. 天津：天津大学出版社，2002.

[29] 潘谷西. 中国建筑史. 北京：中国建筑工业出版社，2004.

[30] 罗小未，蔡琬英. 外国建筑历史图说. 上海：同济大学出版社，1998.

[31] 章迎尔等. 西方古典建筑与近现代建筑. 天津：天津大学出版社，2000.

[32] 吴庆洲. 世界建筑史图集. 南昌：江西科学技术出版社，1999.
[33] 中国社科院自然科学史研究所. 中国古代建筑技术史. 北京：科学出版社，1985.
[34] 刘敦桢. 中国古代建筑史.（第二版）. 北京：中国建筑工业出版社，1984.
[35] 刘叙杰，傅熹年，郭黛姮，潘谷西，孙大章. 中国古代建筑史（五卷本）. 北京：中国建筑工业出版社，2001-2003.
[36] 潘谷西. 中国建筑史.（第五版）. 北京：中国建筑工业出版社，2004.
[37] 中国建筑史编写组. 中国建筑史（第三版）. 北京：中国建筑工业出版社，1993.
[38] 侯幼彬. 中国古代建筑史图说. 北京：中国建筑工业出版社，2002.
[39] 卜德清，唐子颖等. 中国古代建筑与近现代建筑. 天津：天津大学出版社，2000.
[40] 刘峰. 尊贵的记忆. 武汉：华中科技大学出版社，2006.

后　　记

《建筑概论》课程是建筑学专业学生专业学习的入门课程。通过本课程的学习，使学生对建筑专业有一个完整而系统的认识，能为后续的专业能力提高打下扎实的基础。艺术类建筑学专业的学生入学前就有较好的形象思维基础，所以无论就专业特色还是学生所长，如能以图解的方式解读建筑，会具有更好的直观性，故本教材在编写的过程中，尽量以图示的方式来叙论建筑的组成、特性及历史，将理性的陈述与感性的表达相结合，以期能使学生们有更大的收获。

本教材第 1 章 1.1、1.2、1.3 节、第 3 章 3.1、3.2、3.4、3.5 节由邓靖编写；第 1 章 1.4 节、第 2 章 2.1、2.2 节、第 3 章 3.3 节、第 5 章 5.1、5.2、5.3.2 节由庄俊倩、朱丽莎编写；第 2 章 2.3 节、第 4 章 4.1 节由宾慧中编写；第 4 章 4.2、4.3 节、第 5 章 5.3.1 节由谢建军编写。

本教材从大纲的拟定至资料的提供都得到了上海大学美术学院建筑系主任王海松教授、系副主任魏秦副教授的大力支持，在此深表感谢。

在本教材的编写过程中，参考和引用了部分专业书籍资料以及相关网站图片，一并表示感谢。

上海大学美术学院建筑系

《建筑概论　步入建筑的殿堂》编写组

2009 年 5 月 10 日